U0733792

Crochet Motif Applique

Flowers, Leaves and Snowflakes

装点世界 钩针花样贴花

(日)村林和子◎著

卢淼◎译

辽宁科学技术出版社

·沈阳·

Introduction

前言

我喜欢的图案里，有一种是雪花晶体。在一本《snow crystals》的书里，黑色的底子上面杂乱地排列着许多雪花晶体。我一面看，一面想什么时候我也能用钩针把它们钩出来啊。虽然最后仅仅钩了一个，并且没有摸到什么门路，但是我在羊绒质地的面料上贴上我钩的贴花后，看上去形状不错，感觉贴得也不错，所以我非常满意。

在这本书介绍的作品中，使用最多的方法是用贴花打孔机贴花。用针尖上带有刻度的针往下刺，即使是2张重叠的面料也能使贴花的线从面料上面穿下去。有了这种工具，我们能很方便地贴花了。

10年前我生日的时候，收到过用这种方式贴花的苏格兰造围巾，围巾上贴着一只很像狼的狗。围巾正面的图案特别清晰，并且背面也隐隐约约地出现了正面的图案。当时，我觉得特别不可思议，不知道这是怎么做的，当然就更不会想到我自己也能做出这样的东西。

除了雪花结晶，我也钩了很多大自然中的花草、叶子等。我从绣荷叶边里得到了一些灵感，想把荷叶边也用到自己想钩织的一些图案里，于是就产生了很多种新的图案。

钩针贴花是一种可以用很少的线在短时间内就能完成的手工艺品。那么，先从贴一朵花开始你的贴花尝试吧！钩针贴花比刺绣简单，谁都能做好。我觉得即使是钩针的初学者也能做得很快乐，所以，去找寻你喜欢的图案吧。

Contents

目录

Crochet Motif Appliqué

Leaves

Flowers

Snowflakes

我的作品

三叶草和小树枝图案的桶包

这是用粗麻线织成的圆底包。
母包上贴有爱尔兰绿的三叶草图案，而子包上则贴有枯叶色的小树枝图案。
里布是用麻布做的，最后再装上光滑的皮革提手。

制作方法
page 54

小雏菊图案的桶包

在用大红色麻线织成的桶包上面，
贴上浅粉色的雏菊花和用串珠做成的花蕊，
而叶子和茎干则是麻线本来的颜色。
整体看上去就像雏菊在风中摇曳一样。
里布是用利伯蒂印花布做的。

制作方法 page 56

常春藤叶图案的麻布包

这是用厚麻布做的竖长形手提包和小手提包。
在包的面上随意绣着用四种颜色的麻线织成的常春藤叶的图案。
常春藤的叶子有多种形状，在这里，我选择了星形。

制作方法
page 57

小花图案的平针手提包

平针织法是棒针编织里很常见的一种针法。
因为平针织法的特点是横向正织与反织交互反复进行的，所以，同样长的线，平针织法是普通织法织出来的长度的一半。
虽然这样更花时间，但织物的质地变厚，更适合用来做包。
最后，在包上点缀上青灰色的小花图案就完成了。

制作方法 page 58

橘黄色和粉红色的老年针织包

这也是用平针织法织成的包。
因为它没有里布，所以包里放进东西后，
包的形状会发生改变。
织一些小花图案，然后把它们沿着铝质提手缝在包上。
色彩明快，是夏季里的最佳选择。

制作方法 page 59

落叶树图案的挎包

这是用绿色木棉线织成的包。
把一些树叶织成红色，并有意识地少织一些树叶，
这样做就能营造出秋天即将到来的气氛。
包的两侧都有所加宽，所以用起来特别得方便。

制作方法 page 60

各式各样的可爱迷你包

这些是我在布店里找到的粗糙平纹的羊毛质地的包。
因为这些包的颜色都很好看，所以我将六种花色的都买了。
虽然颜色很花哨，但因为是迷你包，所以这些包还是很受欢迎的。
里布用的是和表面的花色相配的利伯蒂印花布。

制作方法 page 62

按照树叶图案迷你包的花纹，我又做了一个与之配套的大包。
大小和购物袋一样，能放很多东西，特别实用。
我觉得在迷你包里放上手机和钱包后和大包一起拎着出去特别有感觉。

【黑色迷你包】
三叶草+四叶草

【蓝色迷你包】
深粉色花+白色叶子

【米黄色迷你包】
紫色花+粉红色花

【橘黄色迷你包】
深棕色叶子

【红色迷你包】
绿色叶子

【黄色迷你包】
紫红色花+绿色叶子

雪花图案的条纹手提包和围巾

冬天，拎个水手服花纹的包，系个水手服花纹的围巾，看上去也是相当不错的。
蓝白相间的粗条纹上，嵌一朵大的藏青色雪花图案。
手提包采用的是基本针织法。
围巾则采用的是罗纹编织法。
这种略短的围巾特别适合打个结系在脖子上。

制作方法
page 64

蓝白相配的雪花图案手提包

在针织的小包上面，嵌上一朵雪花图案。
由于织好的图案正反两面是不一样的，
所以图案贴完后的感觉也是不同的。
正面是使人印象深刻的锁眼，
反面却立体感十足。

制作方法

page 65

秋季常春藤图案的购物包和贝雷帽

从庭院的花盆里垂下的常春藤在不断地向外蔓延着……
包和帽子上的图案表现的正是秋天里叶子变色后的常春藤。
羊毛绒面料配上羊毛线织的图案感觉特别完美。
贝雷帽是用短针简单几下就织成的。

制作方法
page 66

白花图案的阿斯特拉罕羔羊皮包

在黑色的阿斯特拉罕羔羊皮面料上，
贴上扁平的叶子和立体的带荷叶边的花。
整个面上都贴满或只在一个角上贴几朵效果都不错，
最后，在花蕊上贴上串珠就完成了。
可以根据当天的心情来选择拎哪一种。

制作方法 page 68

红色雪花图案的毛毯

在米黄色平纹羊毛面料上，
一排一排有规则地贴上红色雪花图案。
因为是用贴花专用打孔机贴的，
毛毯的反面也出现了淡淡的雪花图案，
所以毛毯的正反两面都能用。
最后，把毛毯四周边上的线抽出一些做成流苏。

制作方法
page 68

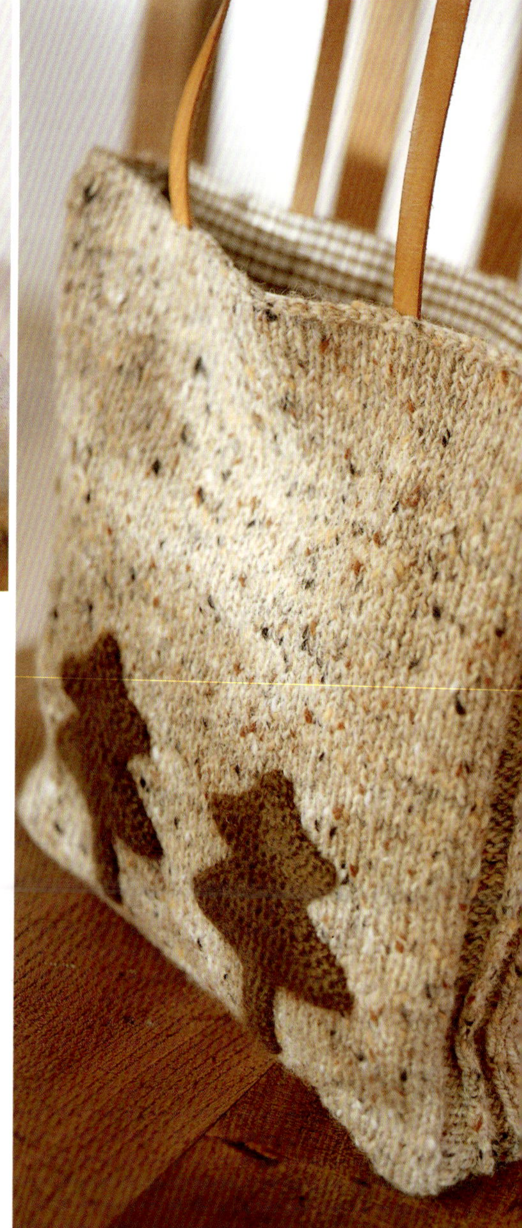

冷杉图案的粗呢包

虽然用粗呢布料直接做的包很不错，
但用粗呢线织成的包却别有一番滋味，
所以相比而言，我更喜欢后者。
在素朴的针织面料上，贴上两枚用短针织成的冷杉图案。

制作方法
page 69

素朴的大树图案手提包

在用下针织成的浅灰色面料上，贴上笔直的大树图案。
在包的四周贴上黑色的毛线，做出滚边的感觉。
提手用的是细长的黑色皮绳，
里布则是黑白的大方格子。

制作方法
page 69

三叶草图案的手提袋和围巾

我找了一些和现成的围巾花边一样颜色的线，
然后用这些线织了好多三叶草图案。
另外，我还织了一些四叶草图案。
包是用藏青色的苏格兰格子呢做的。
大小很合适，很实用。

制作方法 page 71

心形和三叶草图案的围巾

红色围巾配的是天蓝色的心形图案，
而藏青色的围巾则配的是橘黄色的三叶草图案。
因为是用贴花专用打孔机贴的，
所以在围巾的背面也出现了贴花的图案。
只贴了几朵花，
就能做成世界上独一无二的围巾。

制作方法
page 72

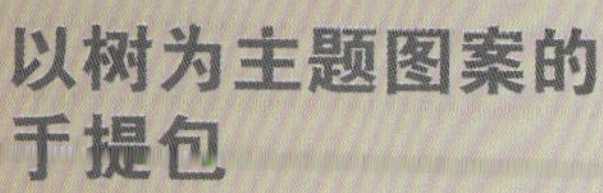

以树为主题图案的手提包

大包是由14个基本方块拼接而成，小包则是5个。
黑色和白色的叶子左右对称地绣在包上。
这款手提包是冬天里的必需品，仅仅是拎着它，你就能感觉到温暖。

制作方法 page 72

雪花图案的藏青色女式手提包

这是用上等的藏青色山羊绒毛线织成的包。
包的底部是一个圆形，是用钩针的长针织法织成的。
包的侧面则是用基本棒针织法织成的。
里布是用厚的水珠花纹木棉布做的，很结实。
而且里布的图案看上去就像远方正在下着雪一样。

制作方法 page 74

雪花图案的深红色手提包

包是用漂亮的深红色厚羊毛面料做成的。
然后，把三朵雪花图案全都贴在包的一个角上。
提手用的也是和包一样的布料，
而且提手比较长，可以把包挎在肩上，
特别适合在购物的时候使用。

制作方法 page 75

巨大雪花图案的手提包

包身是用毛圈风格的黑色粗线短针织成的。
大雪花只用锁针和叠针两种针法就能织好。
因为它用粗线随意几下就能织好，所以特别简单，能很快地做好。
推荐初学者做做这个包。

制作方法 page 76

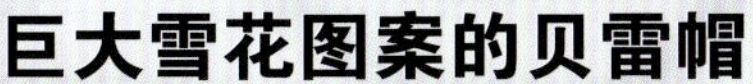

巨大雪花图案的贝雷帽

我用织手提包的线又织了一个贝雷帽。
从中间开始，用短针织法一圈又一圈地加针就织好了。
我觉得熟练过后，1~2个小时就能织好。
如果再加上雪花图案的话，半天时间差不多就能织完。

制作方法
page 67

苜蓿图案的小型女式手提包

苜蓿和三叶草是同类，日文名叫白诘草。
因为苜蓿是爱尔兰的国花，所以它的图案在爱尔兰花边里是很常见的。
苜蓿图案还让我回想起在空地上用苜蓿来做发饰和手镯的童年往事。

制作方法 page 77

白色小花图案的大毛毯

在黑白分明的毛毯上，点缀上白色的小花就做好了。
增减花的数量或者是改变线的粗细，就能做出许多尺寸不一的毛毯。
如果是小毛毯的话，用来做襄婴布也是很适合的。

制作方法
page 78

雪花图案的流苏提包和小围巾

流苏提包和小围巾都是用现成的女式披肩做成的。
手提包底部的流苏同样也是用披肩现成的流苏做的。
把围巾在脖子上绕一圈就打一个结。
即使把这个结打在后面，也是很可爱的。

制作方法 page 79

钩针织花的方法

找到让你中意的图案了吗？那就先来试着织一个吧。我认为，无论你是不是第一次拿起钩针来织东西，织成的结果都不会有太大的差别。这正是钩针织花的魅力。

如果用锁针针法穿孔贴花的话，做出来的效果就和刺绣里的链式针迹所做出来的效果特别像。同样，在这里，无论你是否擅长刺绣，完成的效果是一样的。

如果你已经能钩织出一种图案，那就试着把你织出来的图案贴在毛衣、围巾和羊毛夹克上吧。

你一定能够沉浸在钩针织花的快乐之中。

（钩针编织的符号和方法请见50页）

荷叶边的钩法

荷叶边就是蛇腹状或波浪形的花边。这里将介绍用钩针来钩花边的方法。在用锁针织好的针眼后面，用长针或者短针相应地织上一排，就织成花边了。织的时候，一边加针减针一边织，织出来的花边就是荷叶边了。如果只是一味地织这个花边，或许会因不知道织出来的花边会是何种形状而感到不安。但按照标记好的符号来织，就一定能够织出很有平衡感的图案，从而使之成为很漂亮的贴花。至于贴花的时候是用织好图案的正面还是反面，就要根据个人的喜好来选择啦。正面的锁眼使人印象深刻，而反面则给人一种复杂的立体感。

六瓣花瓣的花（长针）

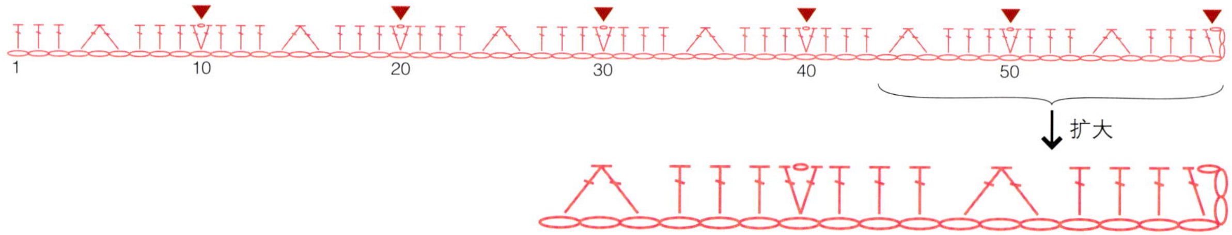

1
10
20
30
40
50
扩大

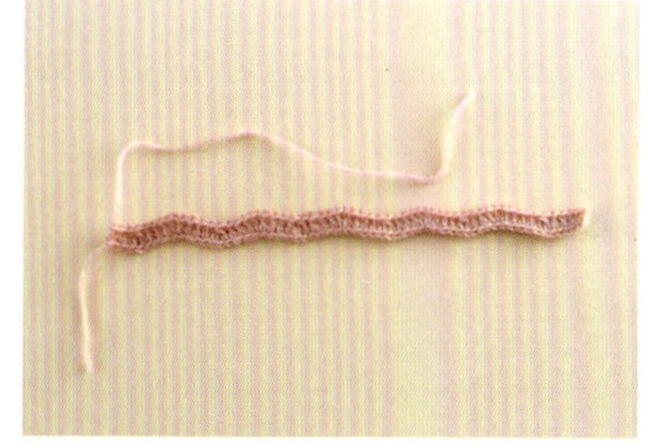

1 收针的时候预留一些线，如图所示钩出锁眼。钩好第1行后预留大约10cm的线。

2 收针时，将针通过起针的线来钩最后1个锁眼，从而形成1个环（这里注意不要把环弄拧了）。使针通过收针的线，再通过第1行的第3个锁眼。

3 把针钩入最后1个针眼使其连接上就能形成1个锁眼了。

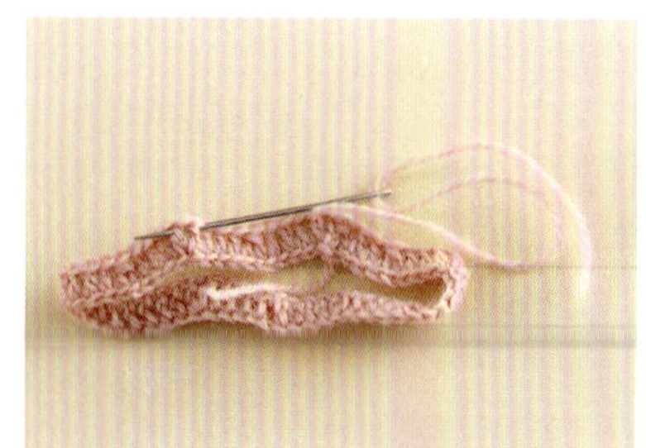

4 接着步骤3，把针钩入带子的凸起处（印=加针的地方）。

5 依次连接6个凸起处后，用同样的方法再绕1圈。

6 看着背面，把线勒紧。

7 正面。

8 把多余的线处理一下就完成。

五瓣花瓣的花（长针）

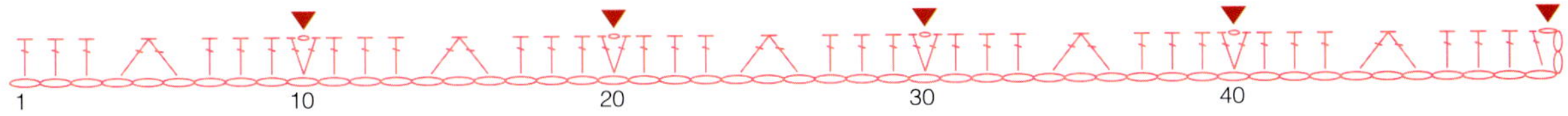
1
10
20
30
40

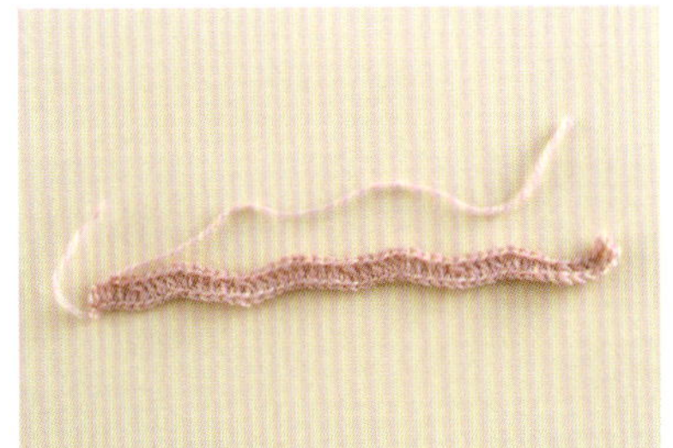

1 收针的时候预留一些线，如图所示钩出锁眼。钩好第1行后预留大约10cm的线。

2 除了带子的凸起处比6瓣的花少1个，其余地方和6瓣的花的钩法一样。背面。

各种样式的花

不仅仅是通过改变花的花瓣数和钩法能使花的感觉不同，改变线的粗细也能使花的大小和感觉有所改变。

八瓣的小花（短针）

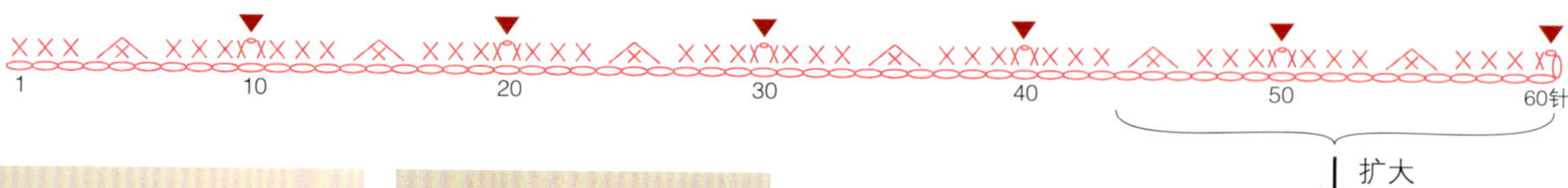

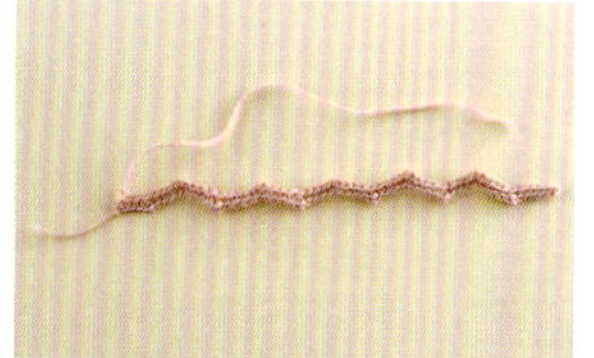

1 收针的时候预留一些线，如图所示勾出锁眼。钩好第1行后预留大约10cm的线。

2 与长针钩花一样。背面

扩大

五瓣的小花（短针）

1 收针的时候预留一些线，如图所示勾出锁眼。钩好第1行后预留大约10cm的线。

2 与长针钩花一样。背面。

心形

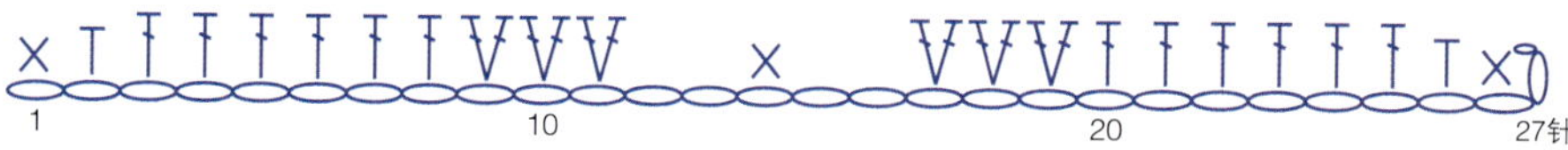

1 收针的时候预留一些线，如图所示勾出锁眼。钩好第1行后预留大约5~6cm的线。

2 连接的时候注意不要把带子弄拧了（p42的步骤2、3）。然后如图所示折一个凸起，最后调整整个图案的形状。

三叶草

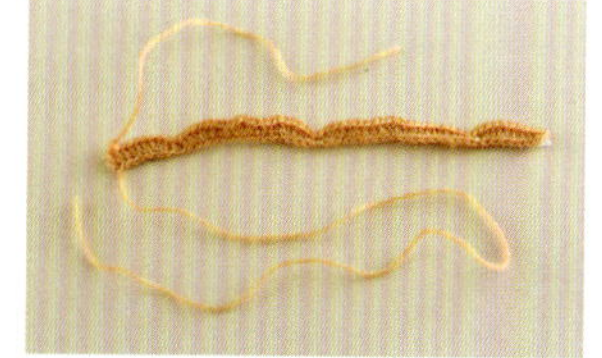

1 最后要留30cm的线来钩茎干部分，如图所示勾出锁眼。钩好第1行后预留大约10cm的线。

2 连接的时候注意不要把带子弄拧了（p42的步骤2、3）。然后如图所示折一个凸起，最后调整整个图案的形状。把起针时预留的线用锁针法钩出茎干部分。收针的线先不做任何处理，将其通过茎干的背面后再进行处理。

常春藤

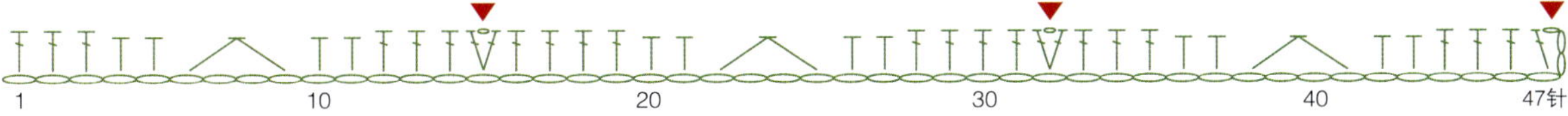
1
10
20
30
40
47针

1 最后要留出必要长度的线来钩茎干部分，如图所示勾出锁眼。钩好第1行后预留大约20cm的线。

2 连接的时候注意不要把带子弄拧了（p42的步骤2、3）。缝好后再调整整个图案的形状。

3 处理叶子中心处的余线。把起针时预留的线用锁针法钩出茎干部分。

4 收针的线先不做任何处理，将其通过茎干的背面后再进行处理。

叶子

1 如图所示钩出锁眼。先钩左侧的叶子，再钩连接处的锁眼，最后钩右侧的叶子，都钩好后把线剪去。

2 中间叶子的钩法如图所示。茎干部分先钩出3个锁眼后，从左右两片叶子中间的锁眼处穿过去。

3 接着钩剩下的锁眼。收针的线先不做任何处理，将其通过茎干的背面后再进行处理。

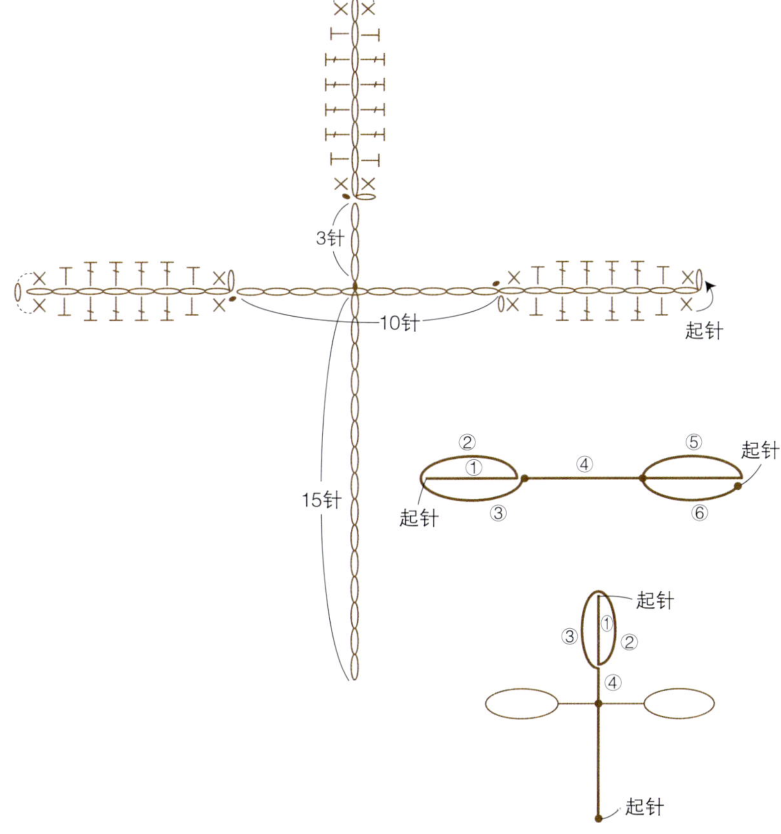
3针
10针
起针
15针
②
①
④
⑤
起针
起针
③
⑥
起针
①
③
②
④
起针

圆底的钩法：

圆底桶包（p6、p7）就是用这个方法钩成的。

虽然整个包都是用长针钩织而成的，但因为底部看的是正面，而侧面看的是背面，所以在底部和侧面的交界处要整齐地排好锁眼，认认真真地钩。

クロバー 5/0

1 起针的时候先钩6个锁眼连成1个锁环。从第1行开始如图所示用长针钩。在圆底成形之前，每1行都要从开始的第3个锁眼开始钩。

2 继续步骤1的动作。

3 继续步骤2的动作，抽走钩针，这样圆底就完成了。圆底的大小（行数）参照每个作品的做法。另外，也可以按照自己的喜好设计大小。

4 不剪去步骤3的线，而是用其来钩侧面最开始的3个锁眼。

5 手持针，眼看着背面，用长针法来钩。钩的时候把针放入前1行的锁眼来钩出下1个针眼。

6 继续步骤5的动作，用长针法钩。

7 继续往下钩。从上1行的锁眼上套出下1个针眼。

8 从正面看可以看到正面的锁眼排列得很整齐。

9 接着往下钩，不需要加针，直到钩出必要的行数。

10 底部和侧面要清晰地区分开。

圆底的钩法

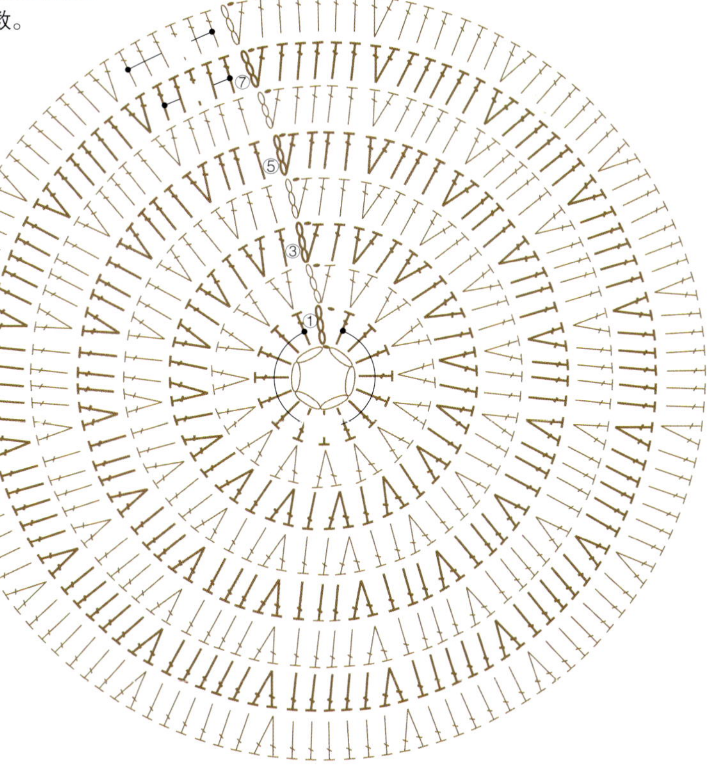

打孔贴花法

本书介绍的贴花法里使用最多的就是这种贴花法。用毛线钩的贴花与羊毛质地面料很相配，因此能很简单地完成。因为贴花用的针和贴花打孔机的针尖上都有刻度，所以在扎的时候，附近的纤维就会被拉着向下移动，而周围的纤维也会受到影响。如果贴花贴得好，会在被贴面料的背面会轻轻地出现贴花的毛线，形成贴花的样子。木棉和麻等纤维因为太短了，所以不适合用这种方法贴花。没有这种工具或者遇到不好扎的面料时，那么就只能手工斜着贴花了。

1 准备好必要的道具。毛线钩的贴花、羊毛面料、贴花用针、贴花打孔机、贴花用的垫子。

2 把贴花放在羊毛面料上，用绷针固定在垫子上面。首先用1根贴花针垂直刺进贴花的中央。因为斜着刺容易折断，所以刺的时候一定要垂直地刺。

3 贴花的中央固定好后，为了不使贴花发生弯曲，所以要把贴花展开，临时固定上。和钩花的时候一样，每1行都要很认真地刺，这是为了防止锁眼错位，不使图案发生弯曲。

4 用贴花打孔机将整个贴花牢固地贴在面料上。一边增减针数，一边刺，但尽量只刺在有布料的部分。

5 贴花完成，如图，左边是正面，右边轻轻地出现贴花图案的是背面。根据自己的喜爱可以把任何一面作为正面。

注意：

贴花用的针一定要成套使用。精细作业的时候，可以只使用　根贴花用针。刺的时候，如果遇到不易刺的地方，那么不要勉强往下刺，因为线的结头处等硬的地方可能会使贴花针折断。

编织方法

钩针贴花，可以使剩余线头发挥新的作用，一些小的东西只需要不到1g的线头就能钩成。前面介绍的六瓣花是使用4m的线，常春藤是3m的线，五瓣花和心形图案则大约是2m的线。当然，个人可以根据自己的情况增减长度。

用贴花打孔机贴花的时候，不要用熨斗熨平，可以一边调整图案的形状，一边贴花就行了。要整整齐齐地贴花或者是要手工贴花的时候，要把打湿的木棉布（漂白布或白色手帕等）放在上面，再用熨斗熨。

钩针编织的基础方法

●起针

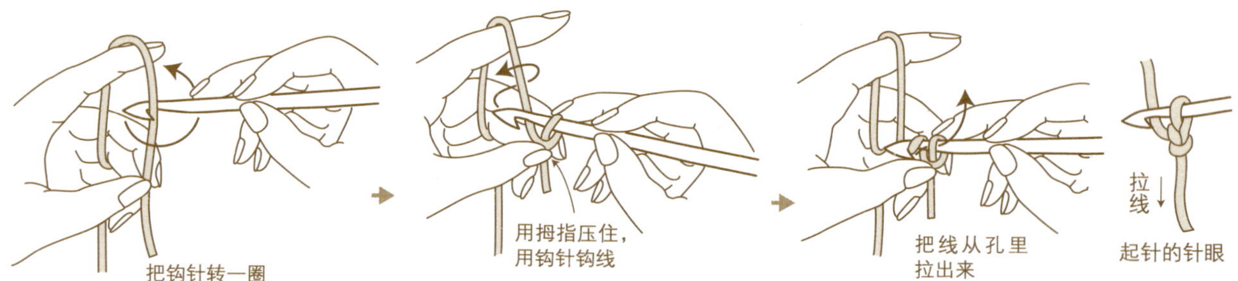
把钩针转一圈
用拇指压住，
用钩针钩线
把线从孔里
拉出来
拉线
起针的针眼

●针眼套环的方法

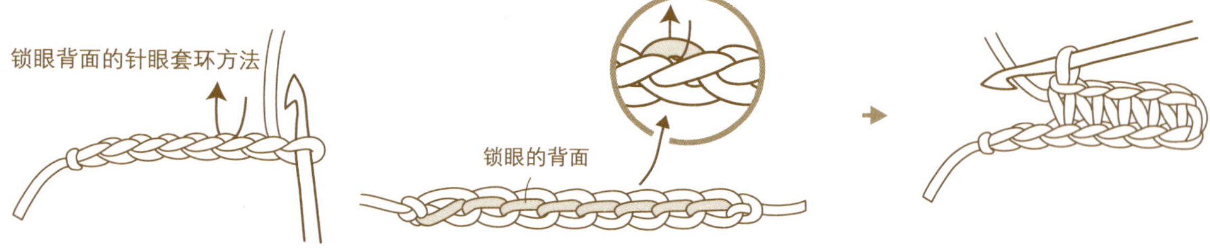
锁眼背面的针眼套环方法
锁眼的背面

●锁眼连成锁环

短针
着手的1个针眼
长针
着手的3个针眼

●平稳的收针方法

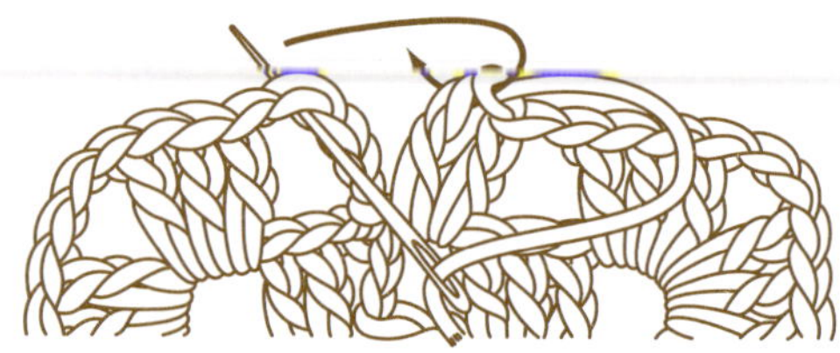

留下10cm左右的线后把线剪掉，然后把剩下的线从针眼里面拉出来。把针放入起针时的锁眼中，再把针放入最后1个针眼中。这样就能很平稳地收针了。

锁针

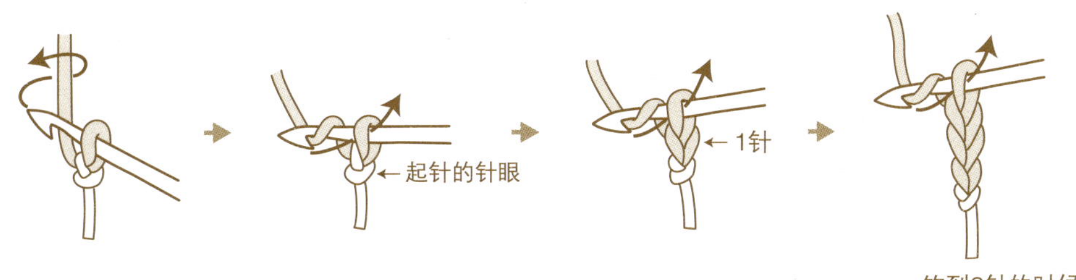

起针的针眼
1针
钩到3针的时候

短针

以1个锁眼开始钩。短针钩针的时候，无法判断起针时从第几个锁眼开始的。

中长针

位于短针和长针中间的针法。以2个锁眼开始钩，起针的针眼是第1个锁眼。

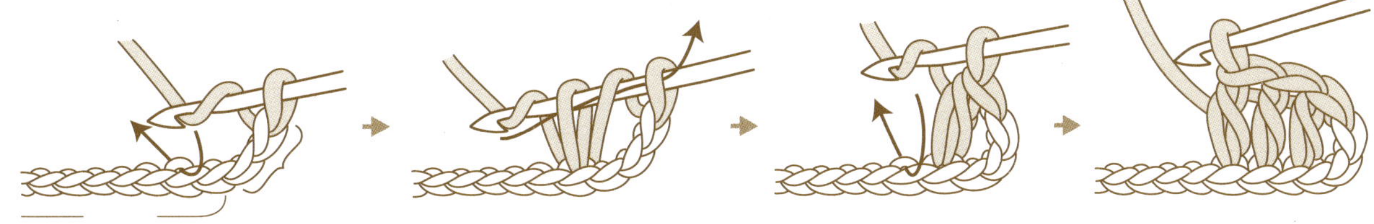

长针

以3个锁眼开始钩。起针的针眼是第1个锁眼。

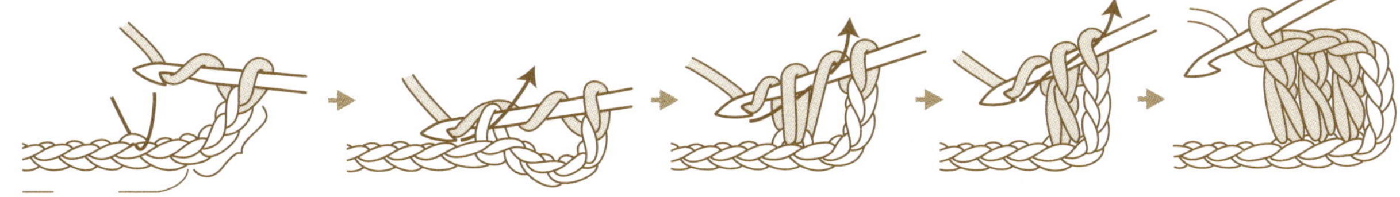

平钩针

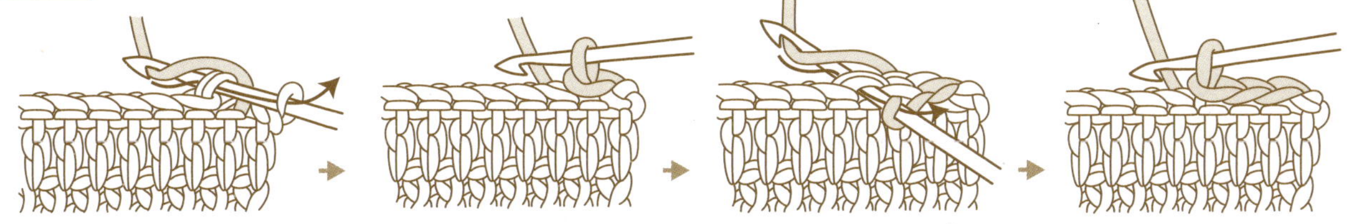

短针2针并1针 仅仅是拉出了线而并没有完成的2针，因为线被钩针拉出来了，所以减少了1针。

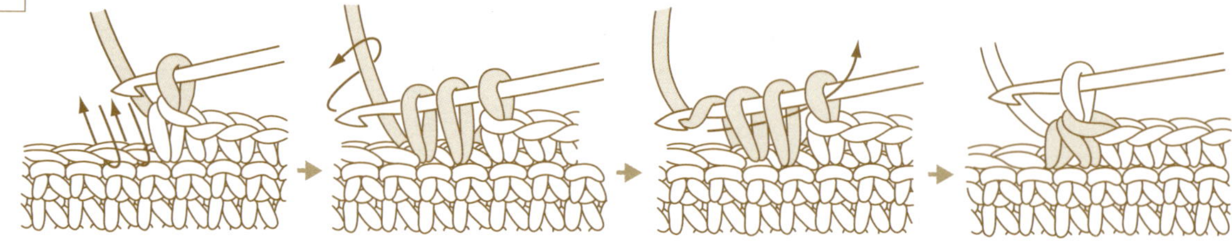

中长针2针并1针 未完成的2针中长针，因为线被钩针拉出来了，所以减少了1针。

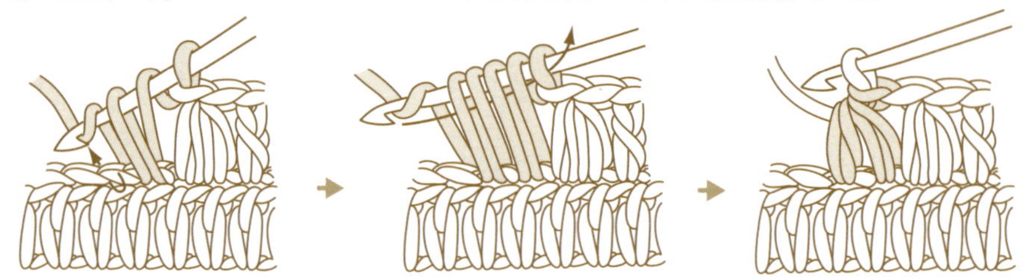

长针2针并1针 未完成的2针长针，因为线被钩针拉出来了，所以减少了1针。

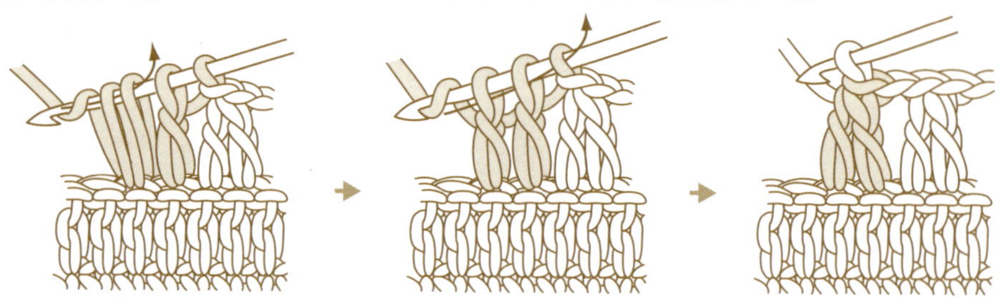

短针1针放2针 在前1行的1个针眼里钩入2针，所以增加了1针。

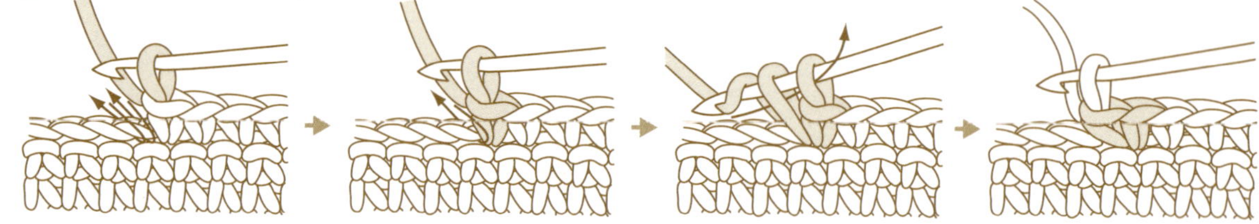

长针1针放2针 在前1行的1个针眼里钩入2针，所以增加了1针。

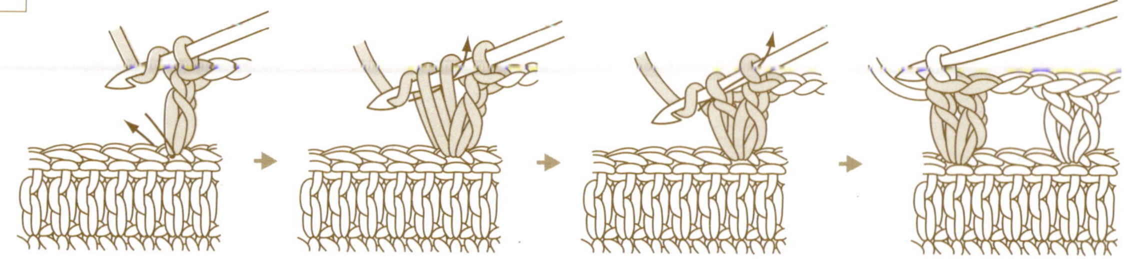

棒针编织的基础方法

| 下针

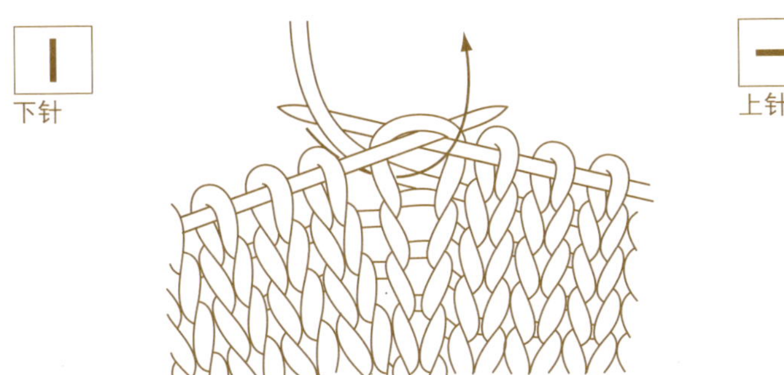

— 上针

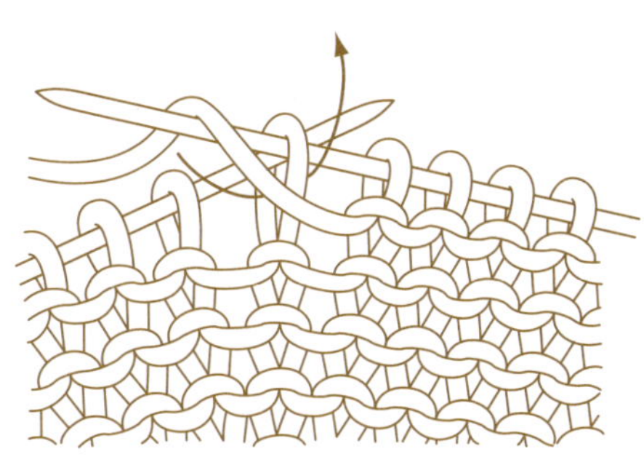

●活结起针法

1

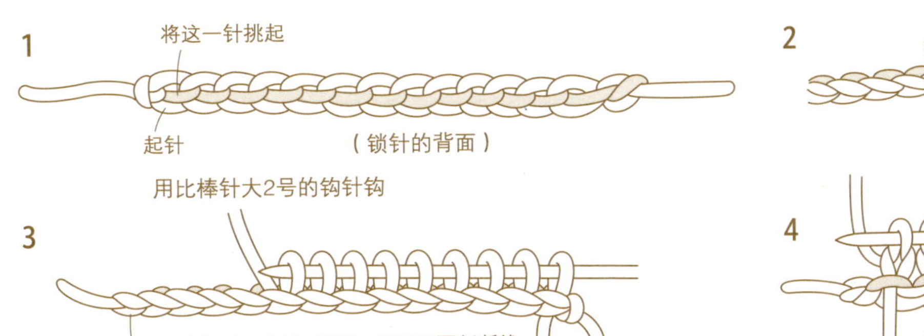
将这一针挑起
起针
（锁针的背面）
用比棒针大2号的钩针钩
起针
因为之后不好解开，所以不要割断线

3

2

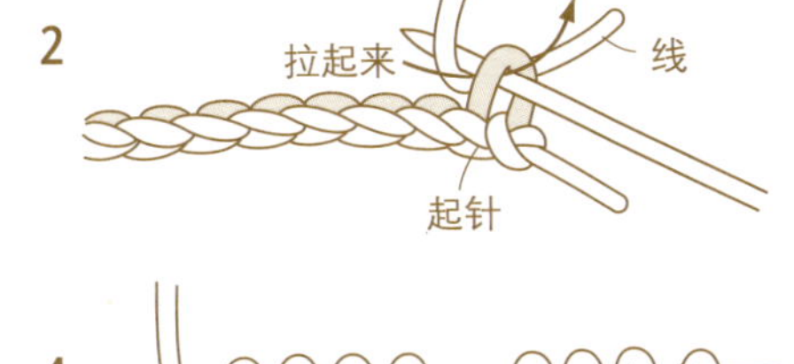
拉起来
线
起针

4

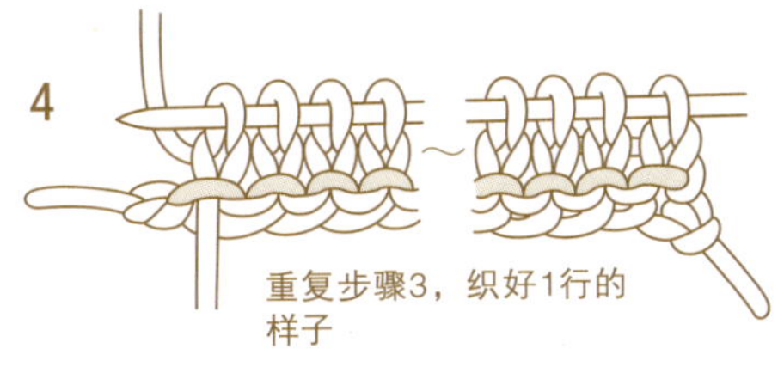

重复步骤3，织好1行的样子

●套眼的方法

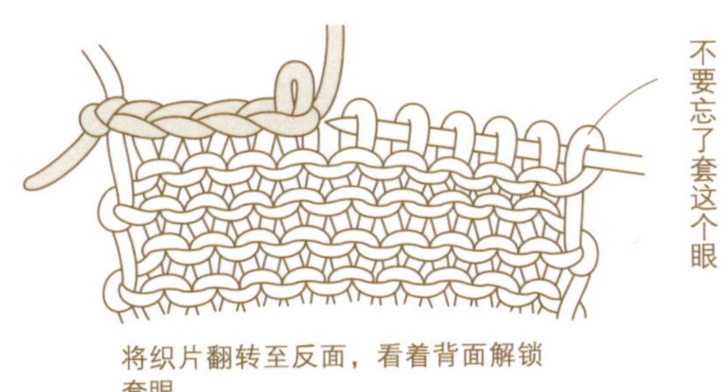
不要忘了套这个眼

将织片翻转至反面，看着背面解锁套眼

●缝合的方法

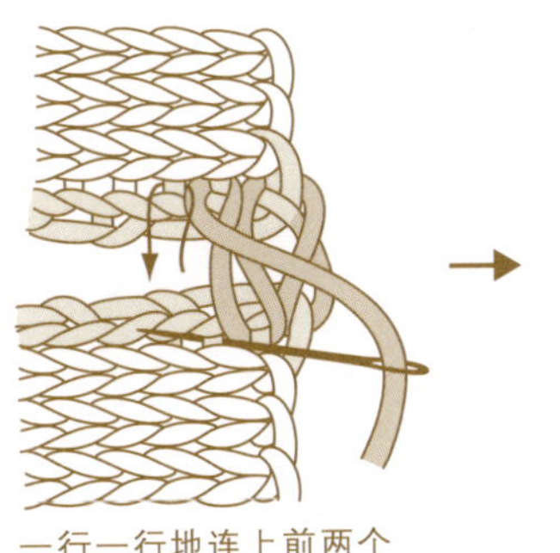

一行一行地连上前两个针眼

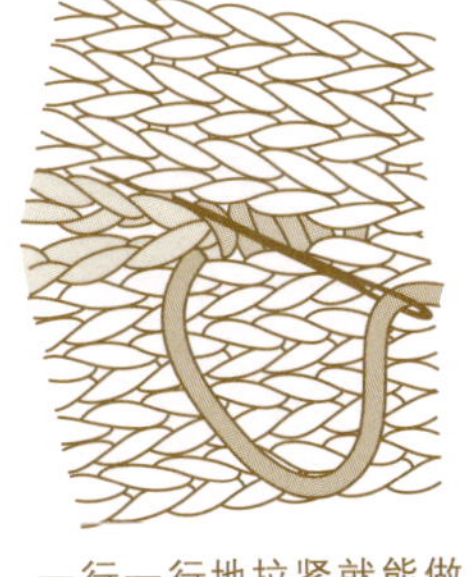

一行一行地拉紧就能做的很好

●收针

1

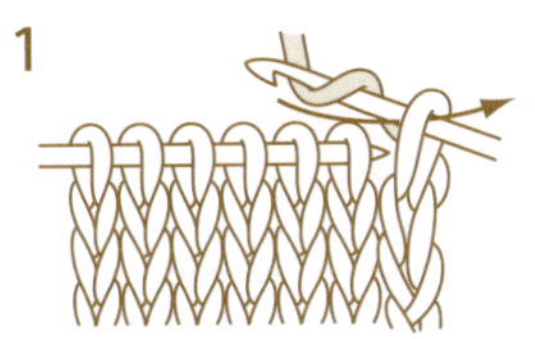

把针穿入边上的针眼，拉出线

2

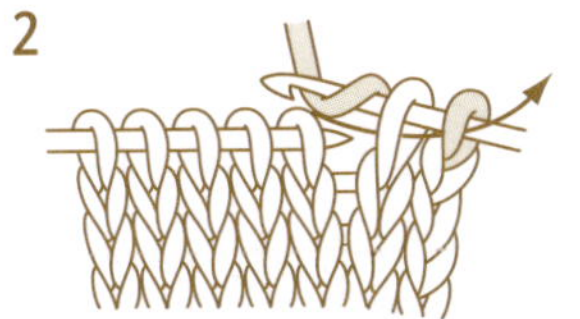

拉出线的针眼和下1个针眼一起被拉出线

3

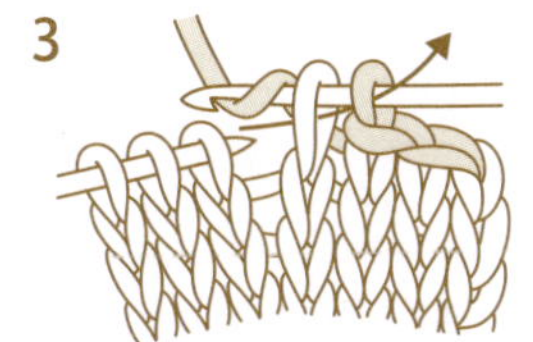

不断重复步骤2

4

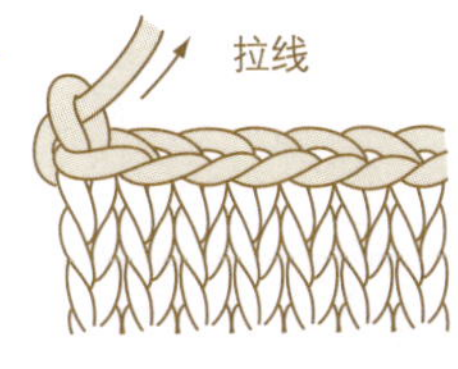
拉线

线通过最后1个针眼后拉紧针眼

作品的织法

三叶草和小树枝图案的桶包

照片→page 6

大包的材料

麻线（亚麻8/3）100g 绿色麻线（苎麻#20/2）适量

里布（麻布）70cm×25cm 90cm宽的黏合衬20cm 2cm宽的革质带子40cm

小包的材料

麻线（亚麻8/3）50g 茶色和土黄色的麻线（苎麻#20/2）适量

里布（麻布）50cm×20cm 黏合衬60cm×20cm 1cm宽的革质带子30cm

工具 包=5/0号钩针 贴花=3/0号钩针

针数 20针10行=边长10cm的正方形

【要点】

包要从底部的中心开始织起。大包织6行，小包织4行。然后接着织侧面（圆底的织法参照p46）。加里布的时候，要先计算好钩出来的包的大小（做法参照p56)。贴花的钩法，三叶草参照p44，叶子参照p45。贴花钩好后，用熨斗轻轻地熨平，然后用同样的线，按照平伏针迹的刺绣法绣到桶包上。

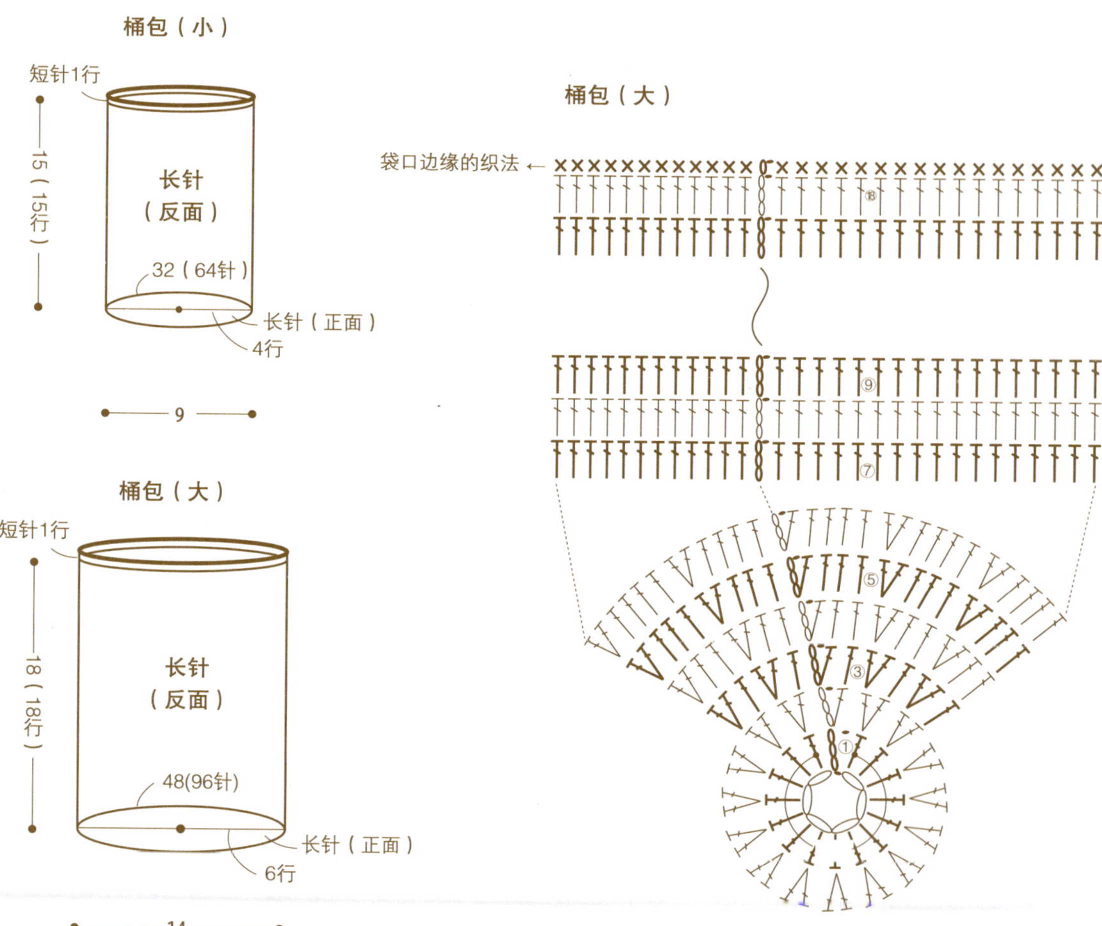

桶包（小）
短针1行
15（15行）
长针
（反面）
32（64针）
长针（正面）
4行
9
桶包（大）
短针1行
18（18行）
长针
（反面）
48(96针)
长针（正面）
6行
14
桶包（大）
袋口边缘的织法

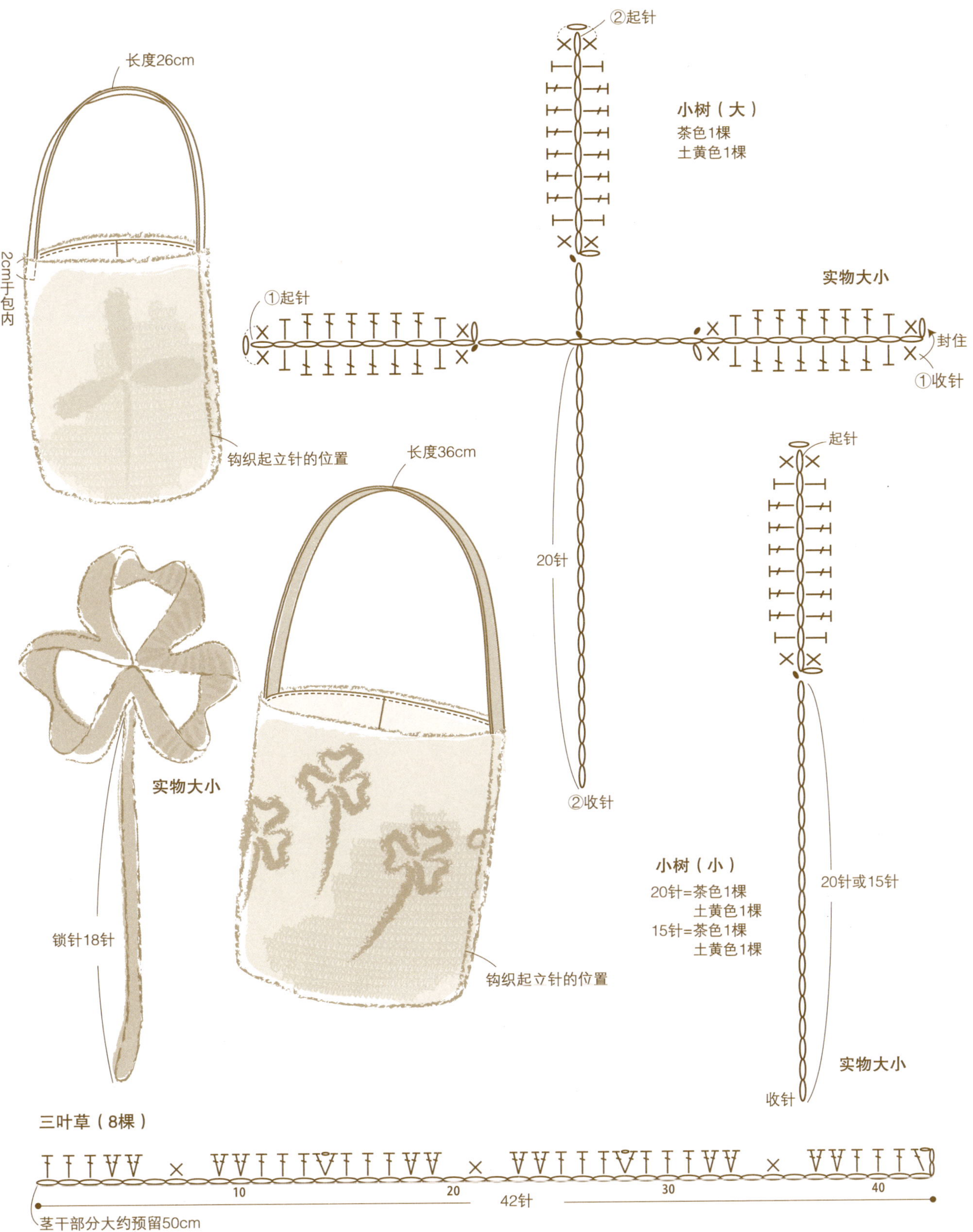
长度26cm
2cm于包内
钩织起立针的位置
②起针
小树（大）
茶色1棵
土黄色1棵
①起针
实物大小
封住
①收针
20针
②收针
长度36cm
钩织起立针的位置
起针
实物大小
小树（小）
20针=茶色1棵
土黄色1棵
15针=茶色1棵
土黄色1棵
20针或15针
锁针18针
实物大小
收针
三叶草（8棵）
10
20
30
40
42针
茎干部分大约预留50cm

小雏菊图案的桶包

照片→page 7

材料
红色麻线（苎麻#4/1）70g　5号浅粉色珠光线10cm1束
麻线（亚麻20/1）20g　红色的圆形大串珠5个　里布（木棉）60cm×25cm
黏合衬75cm×25cm　0.5cm宽的革质带子60cm
工具 包=3/0号钩针　贴花=0号花边钩针
标准针数 28针14行=边长10cm的正方形

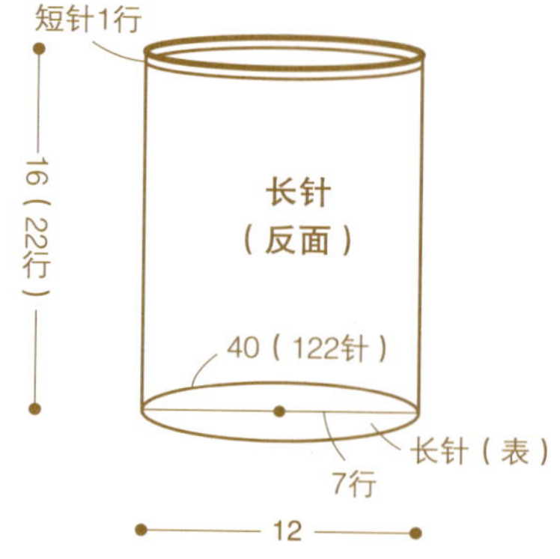

短针1行
16（22行）
长针
（反面）
40（122针）
长针（表）
7行
12

【要点】

包要从底部的中心开始钩起。用6针锁针连成一个环，接着钩7行，然后再钩侧面（圆底的钩法参照p46）。叶子和茎干的贴花，在用熨斗轻轻熨平之后，用同样的线按照平伏针法的刺绣法绣在桶包上。六瓣小花（短针）的钩法参照p44，贴花的时候，背面向外。

背后中心的接缝
里布（正面）
4
内侧全贴上黏合衬
底部贴两层黏合衬
长度26cm
正面
10
钩织起立针的位置
背面

叶子和茎干（5棵）
收针
起针
实物大小

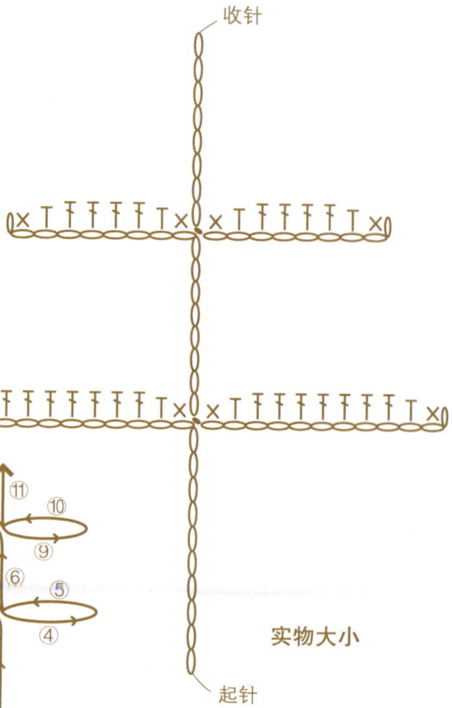

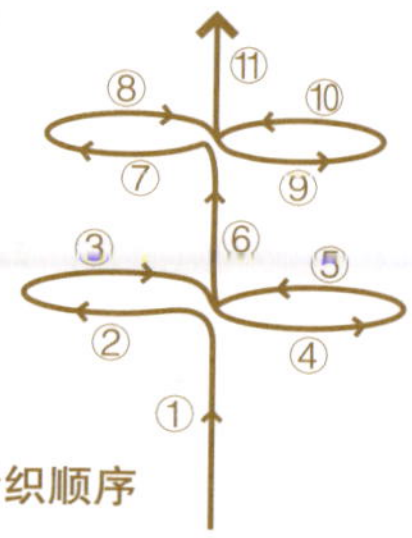

针织顺序
① ② ③ ④ ⑤ ⑥ ⑦ ⑧ ⑨ ⑩ ⑪

常春藤叶图案的麻布包

大包的材料

藏青色和土黄色的麻线（苎麻#20/2）适量

厚麻布（背面有树脂涂层）35cm×80cm　1cm宽的革质带子90cm

小包的材料

绿色和茶色的麻线（苎麻#20/2）适量

厚麻布（背面有树脂涂层）25cm×60cm　1cm宽的革质带子74cm

工具 贴花=3/0号钩针

【要点】

有树脂涂层的布料不容易开线，所以不需要贴里布，只要裁剪好就行了，特别方便。如果布料很硬的话，可以先预留出缝头，等贴完花后再把包缝好。贴花要等用熨斗轻轻熨平后，再用同样的线按照平伏针法的刺绣法绣在桶包上。

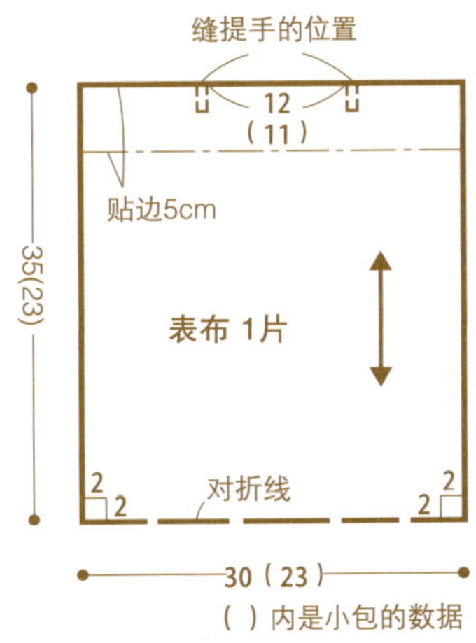
缝提手的位置
12
（11）
贴边5cm
35(23)
表布 1片
2
2
对折线
2
2
30（23）
（ ）内是小包的数据

收针的线

用平伏针法绣

缝提手的位置
贴边（表）
虚线
豁口
2
0.7
袋口
革质带子
（里）
表面
革质带子（正面）
0.5针脚
表面
贴边（反面）
长度 大=40cm
小=32cm

常春藤（大包=10个，小包=4个）

1　10　20　30　40　50　60

63个针眼

茎干部分大约预留50cm

小花图案平针手提包

照片→page 10

材料

红色的棉线120g　蓝色棉线适量

天然圆形大串珠12个　里布（木棉）、黏合衬30cm×70cm

1cm宽的革质带子1m

工具 包=4号棒针　贴花=2/0号钩针

标准针数 20针40行=边长10cm的正方形（平针织法）

【要点】

按照p53页的“活结起针法”所示，先织前面部分，然后解开锁眼，套环，再织后面的部分。即便在织的时候钩针的方向改变了，也可以只使用平针织法继续织下去。接边的时候，每隔1行就用平钩针钩。叶子的贴花图案，在用熨斗轻轻熨平后，用同样的线按照平伏针迹的刺绣法绣在包上。小花图案的钩法参照p44。用收针的线串上串珠做成花蕊，再贴在包上。背面也在同样的位置或对称的位置上贴花。

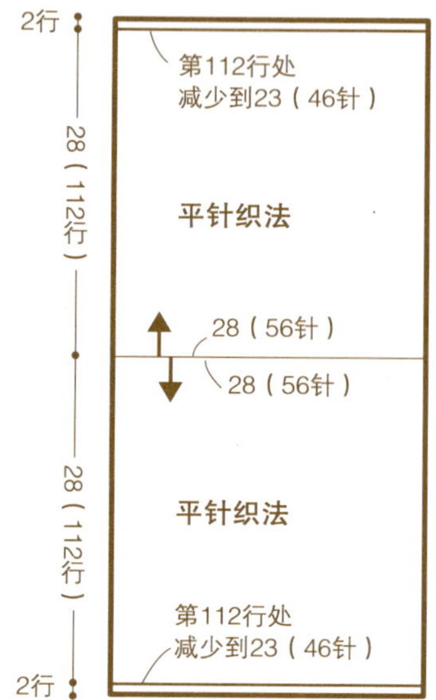

2行
第112行处
减少到23（46针）
28（112行）
平针织法
28（56针）
28（56针）
28（112行）
平针织法
第112行处
减少到23（46针）
2行

用圆形大串珠压住

实物大小

用平伏针迹刺绣法贴花

约23cm

5

向外翻折

里布（反面）

内侧全贴上黏合衬

约27.5cm

长度46cm

13

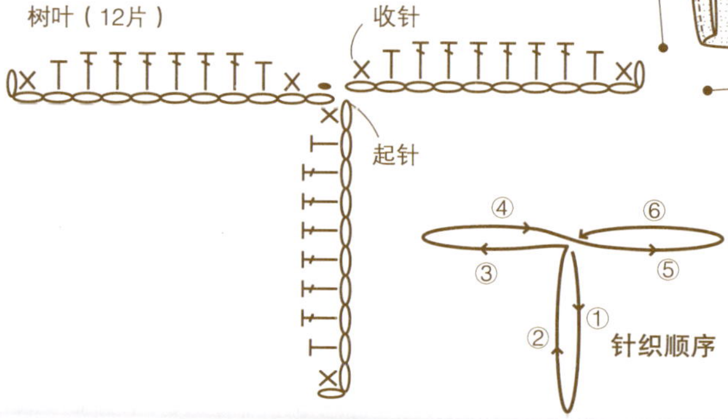

树叶（12片）

收针

起针

④ ⑥ ③ ⑤ ② ①

针织顺序

六瓣的小花（12朵）

1
10
20
30
40
48针针眼

橘黄色和粉红色的老年针织包

照片→page 11

橘黄色包的材料

橘黄色棉线130g　嫩绿色棉线20g

未经打磨的圆形大串珠16个　直径10cm的圆环2个

粉红色包的材料

粉红色棉线100g　白色亚麻20g

圆形大串珠：黄色的50个　白色的10个

直径10cm的圆环2个

工具 包=4号棒针　贴花=2/0号钩针

标准针数 20针40行=边长10cm的正方形（平针织法）

【要点】

平针织法是一种即便钩针方向改变了也能只使用平针针法继续织下去的简单的针织织法。织好包，镶好提手，然后再进行贴花。包身接缝处的缝接法是把织好的底子对折，从最下面的针眼着手，一个针眼一个针眼的缝合。贴花结束收针的时候，预留出20cm~30cm的线，然后，把这线穿过串珠缝在包的上面。

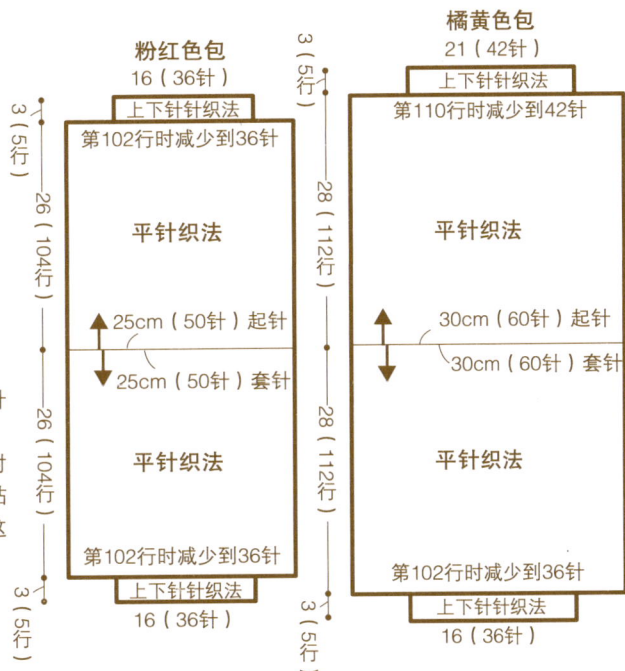

粉红色包

16（36针）

上下针针织法

第102行时减少到36针

平针织法

25cm（50针）起针

25cm（50针）套针

平针织法

第102行时减少到36针

上下针针织法

16（36针）

3（5行）　26（104行）　26（104行）　3（5行）

橘黄色包

21（42针）

上下针针织法

第110行时减少到42针

平针织法

30cm（60针）起针

30cm（60针）套针

平针织法

第102行时减少到36针

上下针针织法

16（36针）

3（5行）　28（112行）　28（112行）　3（5行）

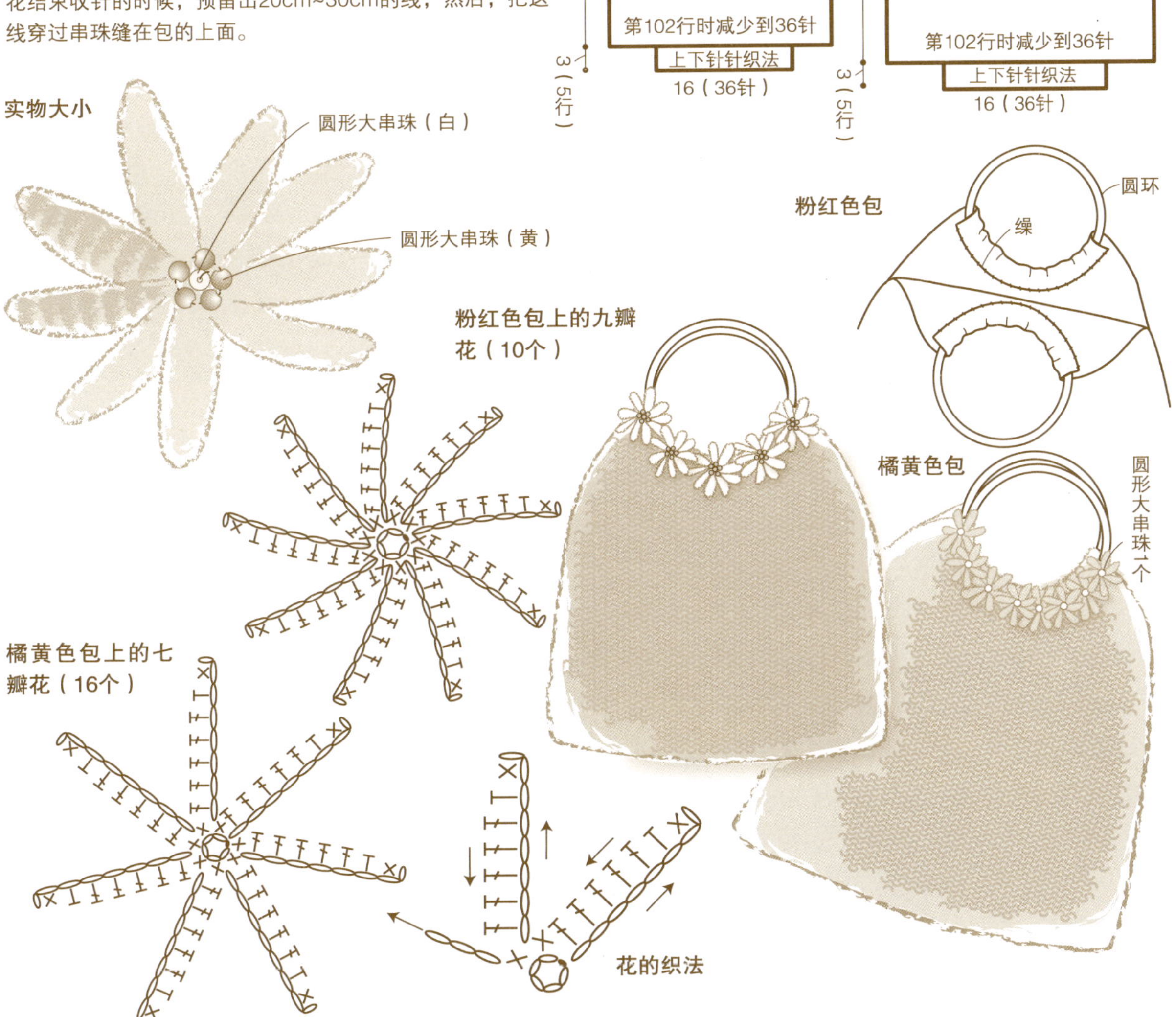
实物大小
圆形大串珠（白）
圆形大串珠（黄）
粉红色包上的九瓣花（10个）
橘黄色包上的七瓣花（16个）
花的织法
粉红色包
圆环
缲
橘黄色包
圆形大串珠1个

落叶树图案的挎包

照片→page 12

材料
绿色的木棉线120g　10m长壁毯羊毛线茶色4束　橘黄色1束
里布（木棉）和黏合衬各90cm×30cm　1cm宽的革质带子1m
工具 包=5号棒针　贴花=5/0号钩针　贴花打孔机　贴花用针
标准针数 20针28行=边长10cm的正方形

【要点】
织的时候，针眼两两为一组，从而能够织出纹路。贴花的时候就沿着纹路笔直地贴。首先，一边打着绷线印，一边织拼条。无论是前面还是后面，都是用套针法来织。袋口收针的时候，要看着包的内侧收针。A和C两处的叶子先要按照同一个方向织出来，然后因为在贴花的时候朝向会改变，所以也有可能会贴到包的里面去。

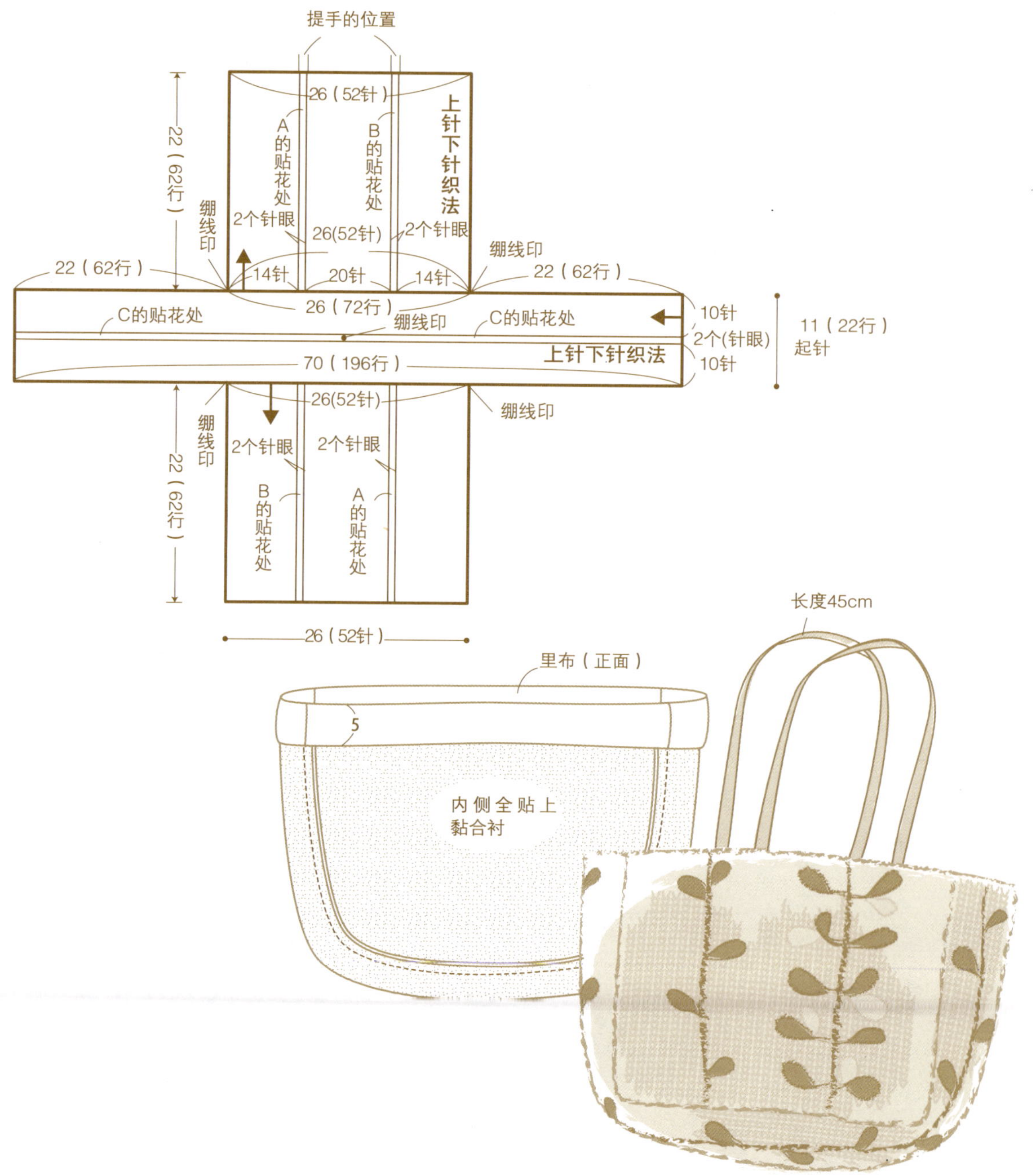
提手的位置
26（52针）
A的贴花处
B的贴花处
上针下针织法
22（62行）
绷线印
2个针眼
26(52针)
2个针眼
绷线印
22（62行）
14针
20针
14针
22（62行）
26（72行）
C的贴花处
绷线印
C的贴花处
10针
2个(针眼)
10针
11（22行）
起针
上针下针织法
70（196行）
26(52针)
绷线印
绷线印
2个针眼
2个针眼
22（62行）
B的贴花处
A的贴花处
26（52针）
长度45cm
里布（正面）
5
内侧全贴上
黏合衬

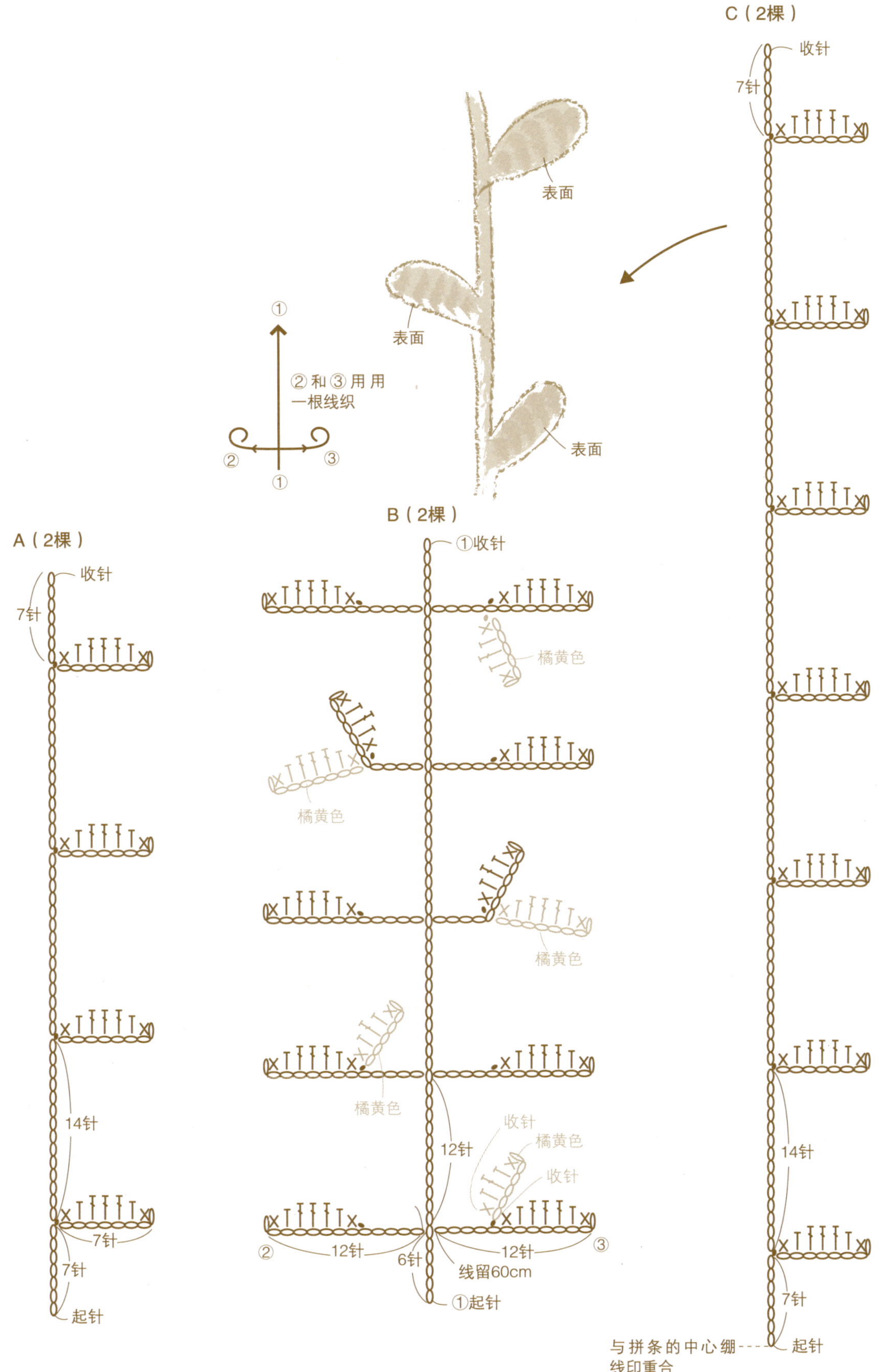
C（2棵）
收针
7针
表面
表面
表面
①
②和③用用
一根线织
②
③
①
B（2棵）
①收针
A（2棵）
收针
7针
橘黄色
橘黄色
橘黄色
14针
橘黄色
12针
收针
橘黄色
收针
14针
7针
②
12针
6针
12针
③
7针
线留60cm
①起针
起针
7针
起针
与拼条的中心绷
线印重合

各式各样的可爱迷你包

照片→page 14 16

小包的材料

平纹的羊毛面料50cm×50cm　里布（木棉）25cm×50cm　黏合衬90cm×30cm　1cm宽的绒面革带子1.5m　1cm宽的革质带子80cm

贴花的材料

黑包：自然色羊毛线适量

蓝包：白色和深粉色的羊毛线适量　天然圆形大串珠5个

米黄色包：粉红色和紫色的羊毛线适量　天然圆形大串珠12个

橘黄色包：茶色羊毛线适量

红包：绿色羊毛线适量

黄包：紫红色和绿色的羊毛线适量　天然圆形大串珠6个

工具 贴花=2/0号钩针　贴花打孔机　贴花用针

【要点】

把羊毛面料裁剪好，用贴花打孔机贴上无立体感的贴花图案。接着，把内侧全部贴上黏合衬，再把立体感的贴花图案绣在上面。贴花的位置可以参照图示贴在自己喜欢的地方。用绒面革做提手时，先用手工专用黏合剂把两条带子黏在一起，并且用线把两端缝好后，才能把提手缝在袋口处。三叶草、五瓣小花、六瓣小花、叶子的织法参照p42~p45。

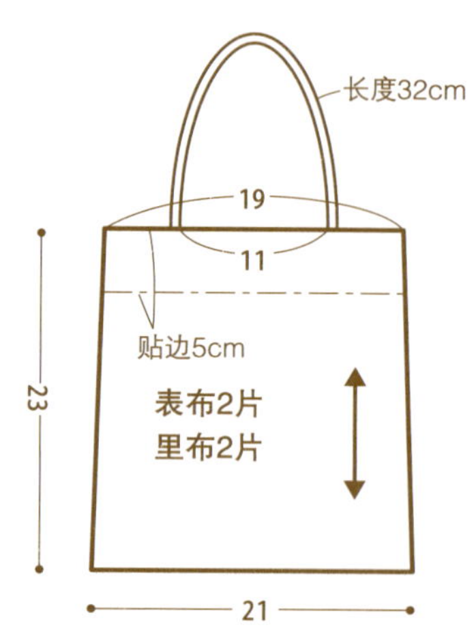
长度32cm
19
11
贴边5cm
23
表布2片
里布2片
21

①用贴花打孔机贴花

表布（正面）

②在内侧贴上黏合衬

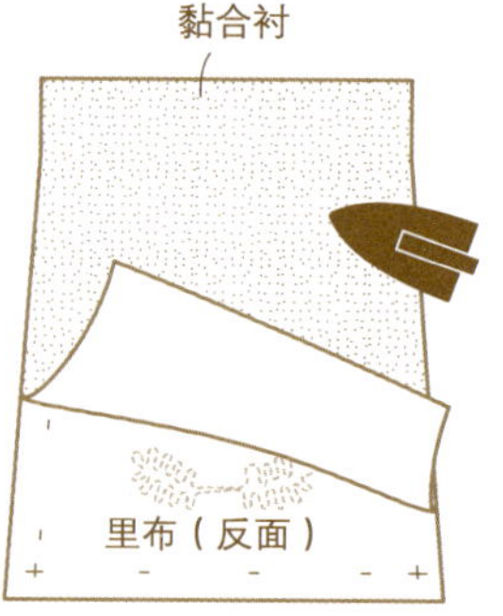
黏合衬
里布（反面）

③贴上花的贴花图案

串珠

④把面料翻成内侧朝外缝合

⑤再把包翻到表面，折一下袋口，再做里布，做好后再折

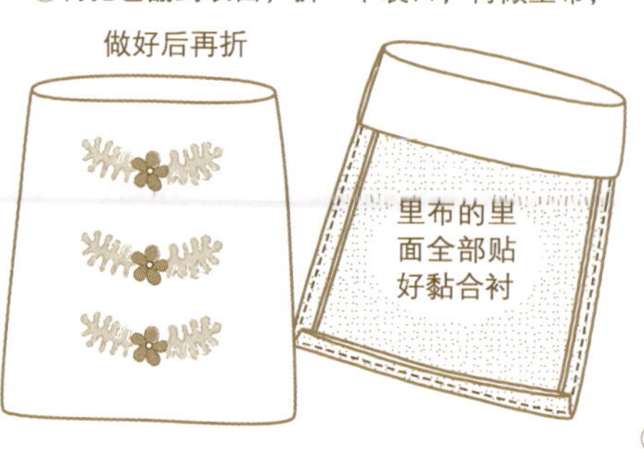
里布的里面全部贴好黏合衬

⑥把提手夹在表布和里布之间，缝在袋口处

蓝色小包的叶子（5片）

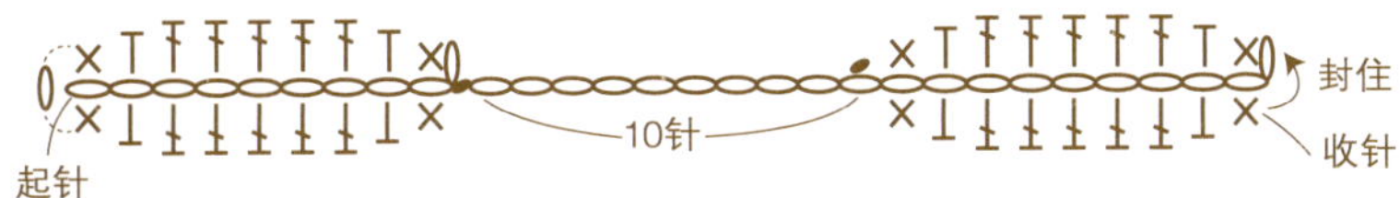

起针
10针
封住
收针

花色小包的叶子（6片）

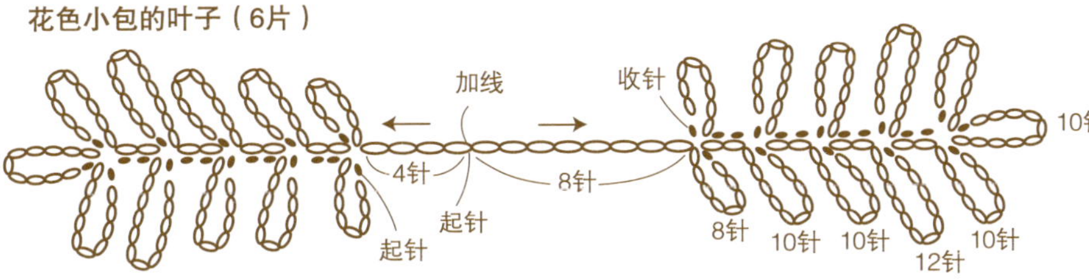

加线
收针
10针
4针
8针
起针
起针
8针 10针 10针 12针 10针

黑色小包的四叶草（3片）

1 10 20 30 40
48针针眼
茎干部分的线预留出30cm

红色小包上的小叶子（1片）

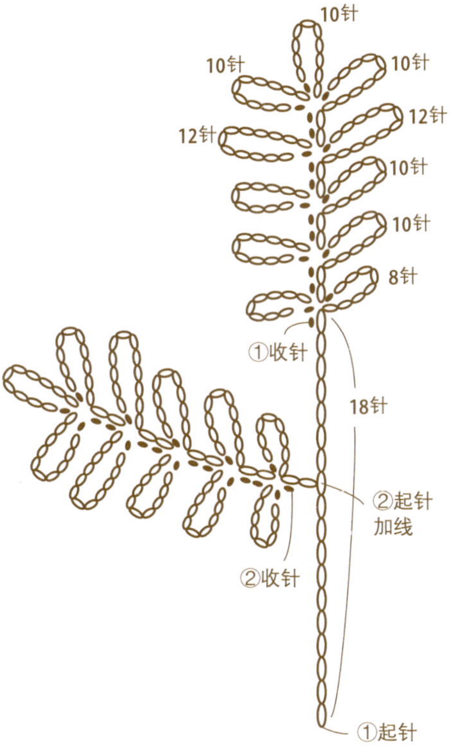

10针
10针 10针
12针 12针
10针
10针
8针
①收针
18针
②起针
加线
②收针
①起针

红色小包上的大叶子（2片）

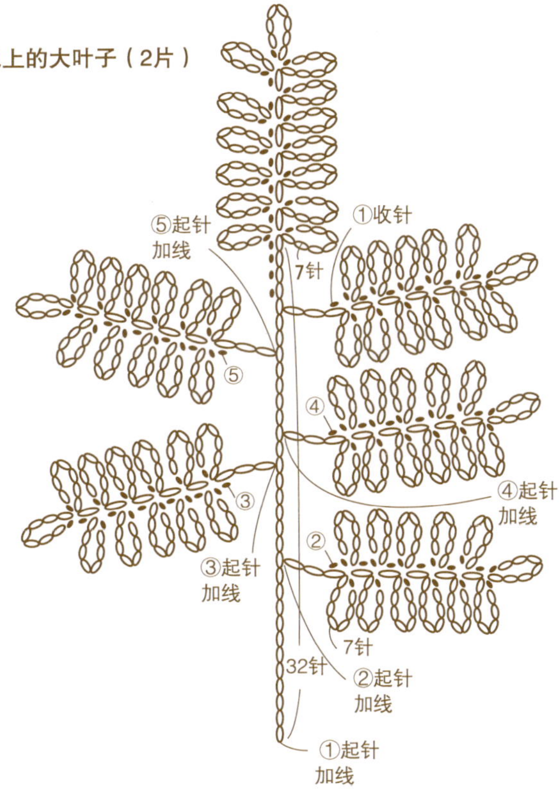

⑤起针
加线
①收针
7针
⑤
④
③
④起针
加线
②
③起针
加线
7针
32针
②起针
加线
①起针
加线

雪花图案的条纹手提包和围巾

照片→page 18

包的材料
白色和淡蓝色的上等美利奴羊毛线各50g
10m的藏青色壁毯羊毛线4束　里布（木棉）和黏合衬各35cm×60cm　1cm宽的革质带子80cm

围巾的材料
白色和淡蓝色的上等美利奴羊毛线各50g
10m的藏青色壁毯羊毛线2束

工具 包=5号棒针　围巾=6号棒针　贴花=5/0号钩针　贴花打孔机　贴花用针

标准针数 包：24针34行=边长10cm的正方形
围巾：21针32行=边长10cm的正方形

【要点】

包的织法按照p53"活结起针法"所示，先织前面部分，然后解开锁眼，套环，再织后面的部分。围巾的织法和包是一样的。收针和起针的时候一定要一边看着背面一边织。4朵雪花图案（参照p65）贴在包上，2朵雪花图案贴在围巾上。贴的时候使用贴花打孔机，并且在贴的过程中不断调整雪花的形状，使其效果更好。

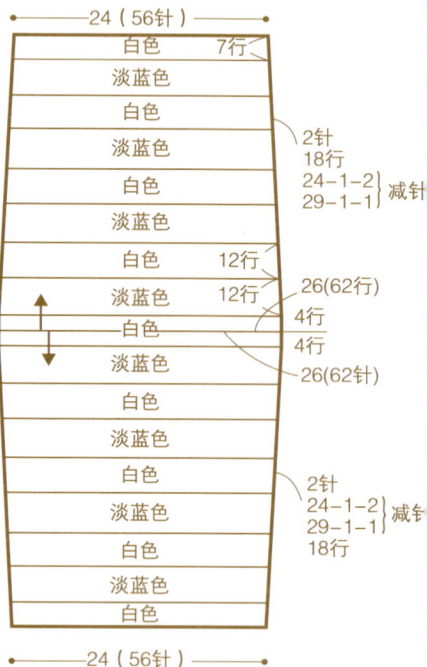

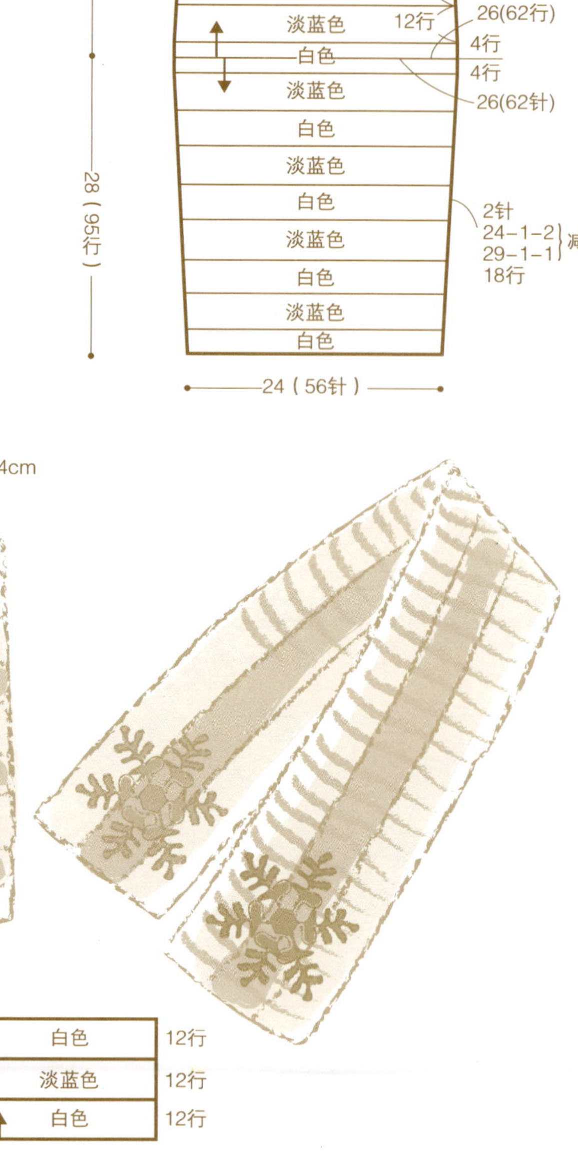

包
上针下针编织法
24（56针）
白色
7行
淡蓝色
白色
淡蓝色
2针
18行
24-1-2
29-1-1
减针
白色
淡蓝色
白色
12行
淡蓝色
12行
26(62行)
4行
白色
4行
淡蓝色
26(62针)
白色
淡蓝色
白色
淡蓝色
2针
24-1-2
29-1-1
减针
18行
白色
淡蓝色
白色
28（95行）
28（95行）
24（56针）
长度34cm
9
做完后再折
5
里布的里面全部贴上黏合衬

围巾
11（36行）
白色
12行
罗纹编织
淡蓝色
12行
白色
12行
100（210针）

蓝白相配的雪花图案手提包

照片→page 19

一个包的材料
蓝色和白色的羊毛线各60g
10m长的纯色和蓝色的壁毯羊毛线2束
里布（木棉）和黏合衬各30cm×45cm　0.5cm宽的革质带子70cm
工具 包=2号棒针　贴花=5/0号钩针　贴花打孔机　贴花用针
标准针数 35针34行=边长10cm的正方形

【要点】

同一个贴花图案正反两面的感觉是不一样的，因此，贴花的时候，你可以选择自己喜欢的一面，用贴花打孔机从中心开始。同时，在贴的过程中要不断调整贴花的形状，使其贴出来后是一个正六边形。

18（44针）
20（69行）
20（69行）
2针
20行
16-1-2
17-1-1
上针下针编织法
20（50针）
20（50针）
2针
17-1-1
16-1-2
20行
18（44针）
做完后再折
5
里布的里面全部贴上黏合衬
长度30cm
9
P18、P19雪花图案

秋季常春藤图案的购物包

照片→page 20

材料
浅茶色和绿色的羊毛线适量 140cm宽的羊毛绒面料35cm
里布（木棉）90cm×50cm 黏合衬90cm×100cm
1.5cm宽的茶色绒面革带子160cm

工具 贴花=2/0号钩针 贴花打孔机 贴花用针

【要点】

用毛线钩出来的贴花和羊毛绒面料特别相配，因此贴花的时候也很容易。常春藤图案的织法参照p45。树枝部分的长度会因为针数的随意加减而不同，在织的时候一定要注意调整。

绒面革做提手，得先用手工专用黏合剂把两条带子黏在一起，并且用线把两端缝好后，才能缝在包上。

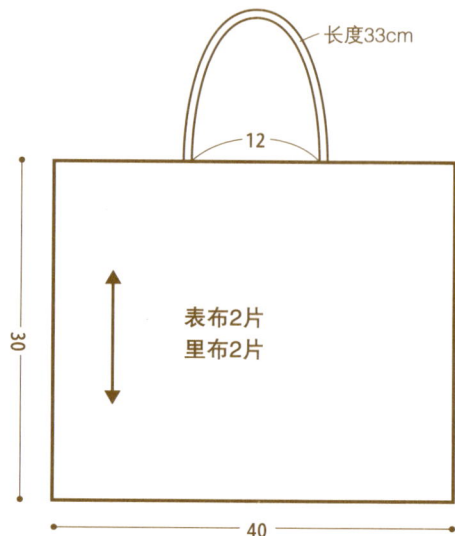

长度33cm
12
30
表布2片
里布2片
40

10
底部外侧1片
底部内侧1片
1.5
1.5
30

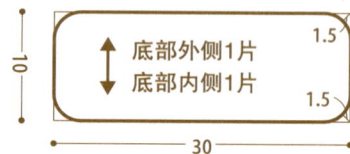

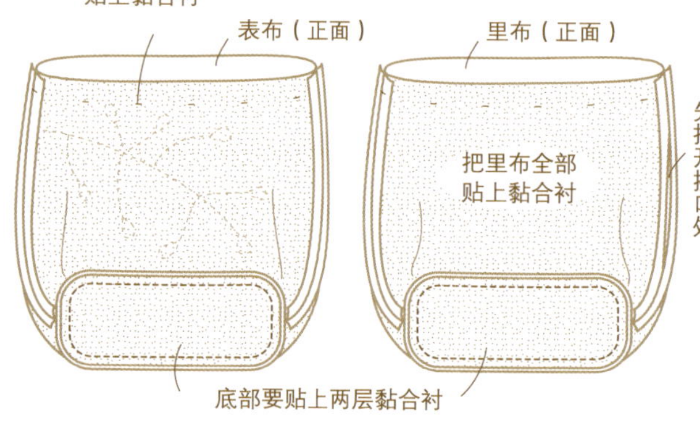
贴花以后，把里布全部
贴上黏合衬
表布（正面）
里布（正面）
把里布全部
贴上黏合衬
先打开接口处
底部要贴上两层黏合衬

把里布翻出来

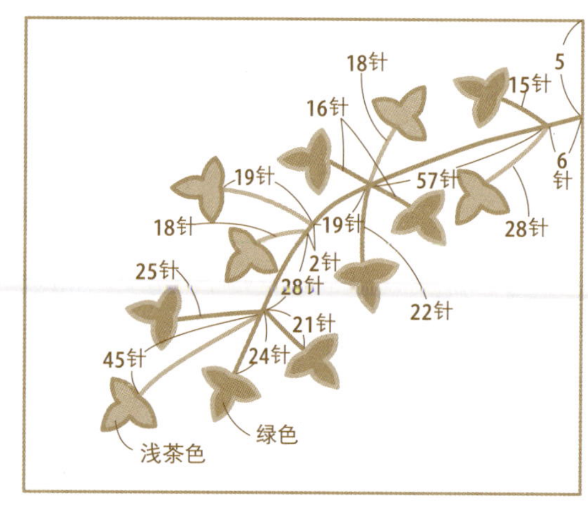
18针
5
16针
15针
6针
19针
57针
18针
19针
28针
25针
2针
28针
22针
21针
45针
24针
浅茶色
绿色

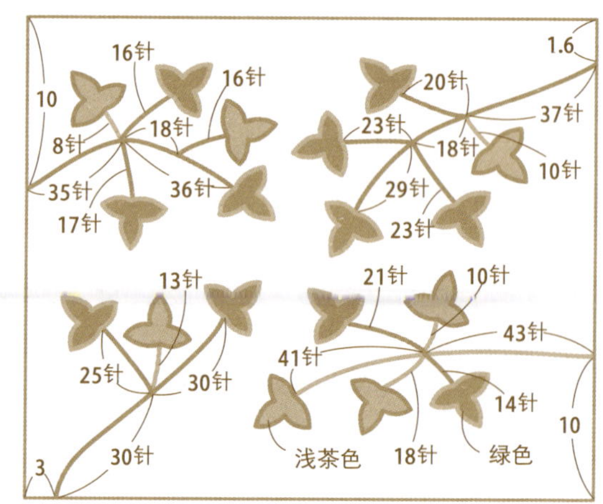
16针
16针
1.6
10
18针
20针
37针
8针
23针
18针
10针
35针
36针
29针
17针
23针
13针
21针
10针
43针
25针
30针
41针
14针
10
3
30针
浅茶色
18针
绿色

秋季常春藤图案的贝雷帽和巨大雪花图案的贝雷帽

照片→page 20 35

贝雷帽的材料

茶色、黑色和白色的线各70g

贴花的材料

常春藤：浅茶色和绿色的羊毛线适量

雪花图案：纯色和黑色羊毛线各10g

工具 帽子=10/0号钩针　常春藤图案=2/0号钩针

雪花图案=3/0号钩针　贴花打孔机

【要点】

贝雷帽要从中心开始织起，织到第10行以前都得用短针一边加线一边织。第10行到第14行不加针也不减针，第15行以后开始减针，因为在织的时候不容易看到针眼，所以一定要仔细地织。常春藤图案参照p45和p66，雪花图案参照p76。最后，把织好的花贴到贝雷帽上。

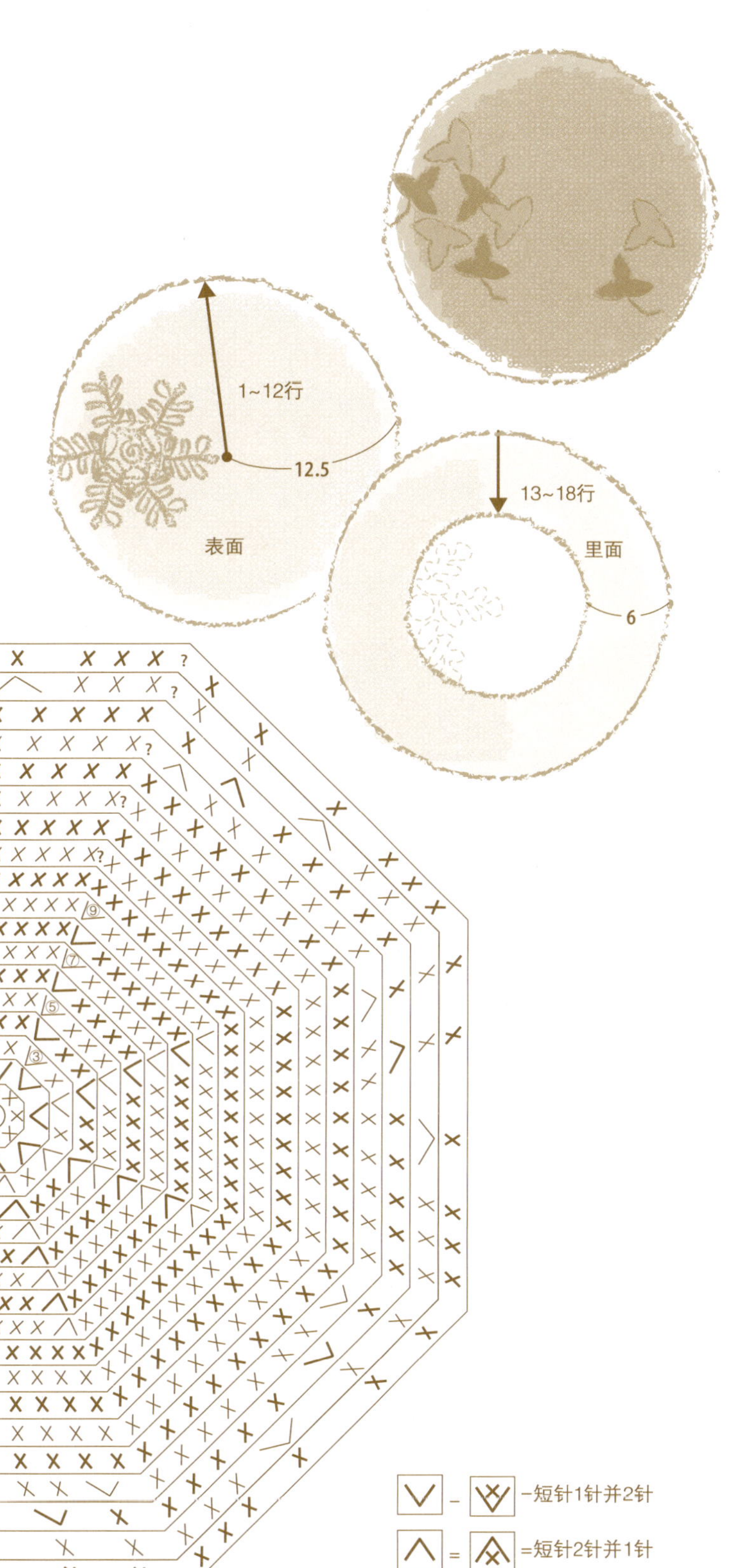

1~12行
12.5
表面
13~18行
里面
6
=短针1针并2针
=短针2针并1针

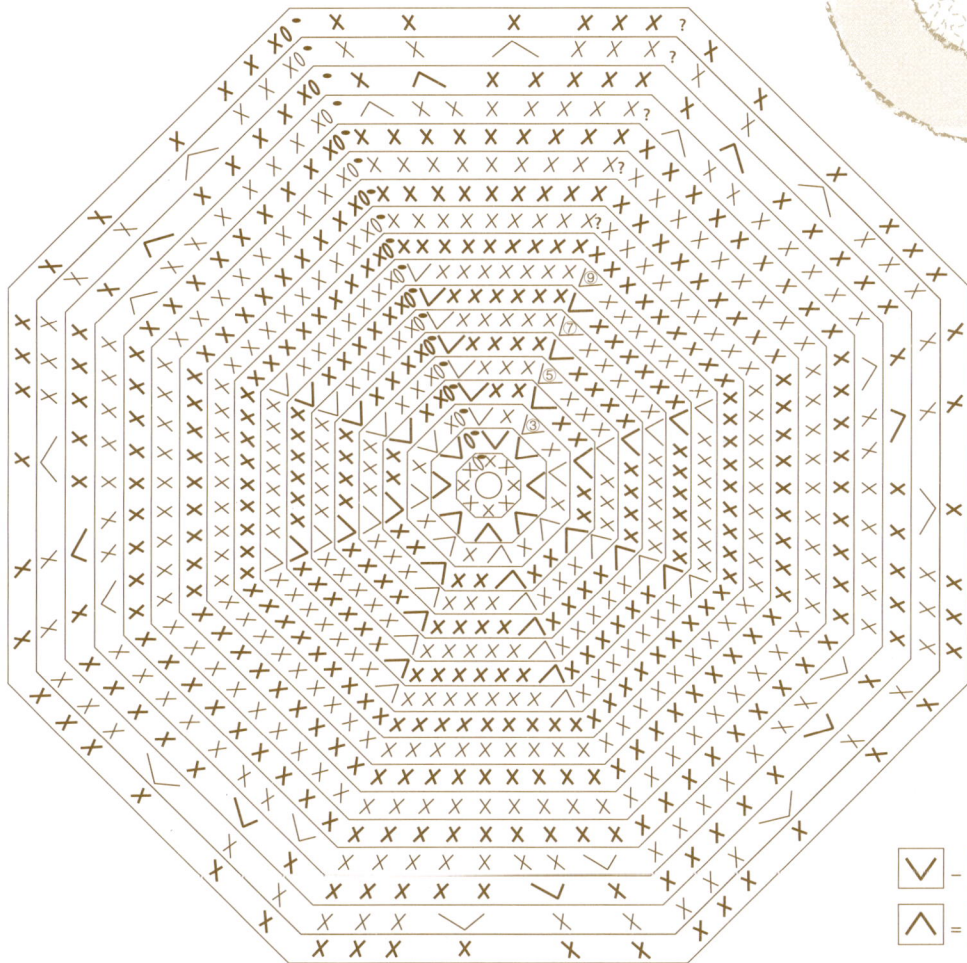

白花图案的阿斯特拉罕羔皮包

照片→page 22

材料
纯色的羊毛线40g　天然圆形大串珠77个
宽50cm的阿斯特拉罕羔皮面料140cm
里布（丝绸）90cm×50cm　黏合衬90cm×100cm
工具 贴花=3/0号钩针　贴花打孔机

【要点】
贴花的织法和六瓣小花以及叶子（p63页蓝包）一样。贴花的时候先贴叶子。花在收针的时候要留一些线，把这些线通过串珠再绣到包上。包的做法参照p66。包的底部内外都要贴上两层黏合衬。

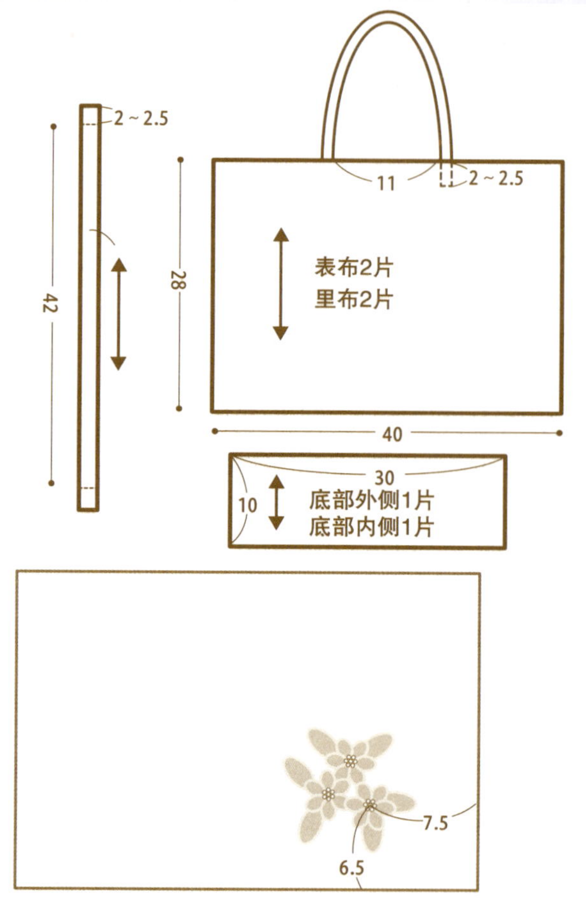
2~2.5
42
11
2~2.5
28
表布2片
里布2片
40
30
10
底部外侧1片
底部内侧1片

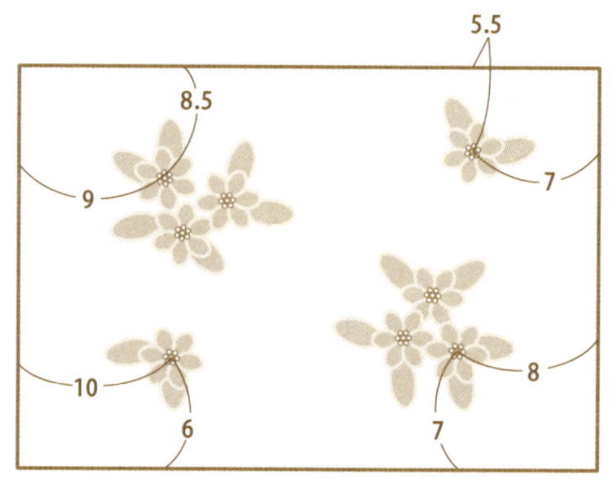
5.5
8.5
9
7
10
8
6
7
7.5
6.5

红色雪花图案的毛毯

照片→page 24

材料
红色的羊毛线70g　平纹的羊毛面料150cm×150cm
工具 贴花=2/0号钩针　贴花打孔机

【要点】
先裁剪出1块正方形的羊毛质地面料，用缝纫机打边，再抽丝做成流苏。25朵雪花图案要均匀地绣在毛毯上。贴完花后，毛毯的背面也会出现红色毛线的纤维。这些纤维构成的雪花图案给人一种轻飘飘的感觉。贴花的织法参照p76，贴花的贴法参照p48。贴的时候，先确定毛毯的中心，在毛毯的中心处贴一朵花，再均等距离地往外贴。

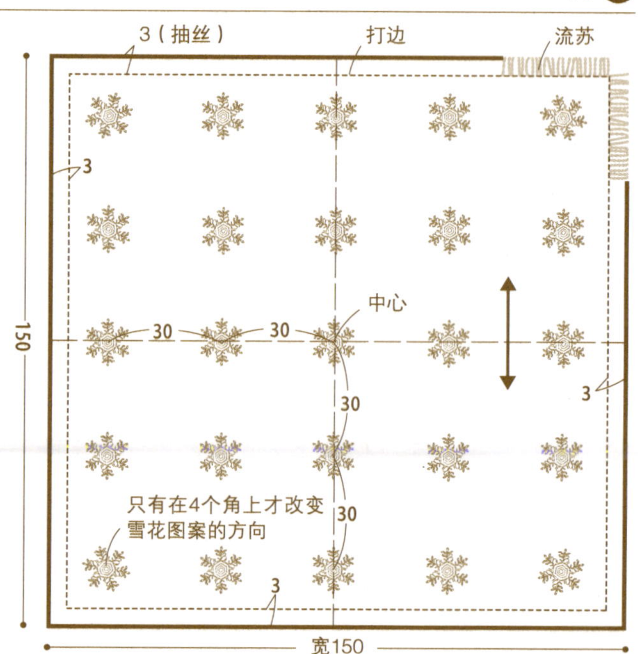
3（抽丝）
打边
流苏
3
中心
150
30
30
30
3
30
只有在4个角上才改变
雪花图案的方向
3
宽150

冷杉图案的粗呢包

照片→page 26

材料
天然色的普通粗细的粗花呢毛线120g　茶色的普通粗细的安哥拉山羊毛20g
里布（丝绸）和黏合衬各70cm×35cm　1cm宽的革质带子80cm
工具 包=5号棒针　贴花=4/0号钩针　贴花打孔机
标准针数 18针28行=边长10cm的正方形

【要点】
包的织法按照p53“活结起针法”所示，先织前面部分，然后解开锁眼，套环，再织后面的部分。拼条用上针下针织法织。拼条和包的布料一样，要先把缝合处黏上后，再捏着缝合处缝。

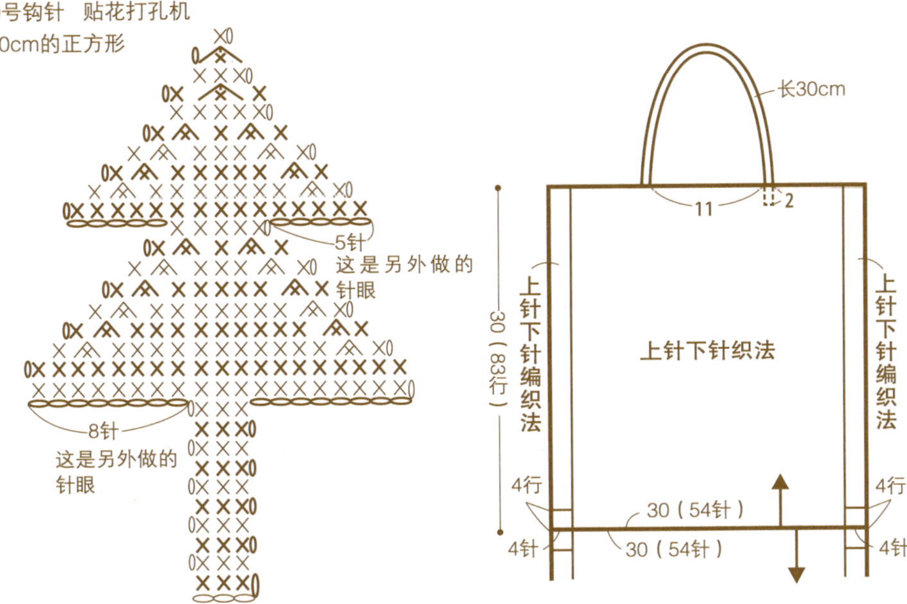
5针
这是另外做的针眼
8针
这是另外做的针眼
长30cm
11
2
30（83行）
上针下针编织法
上针下针织法
上针下针编织法
4行
4行
30（54针）
30（54针）
4针
4针

素朴的大树图案手提包

照片→page 27

材料
浅灰色羊毛线120g　黑色羊毛线20g　里布（丝绸）和黏合衬各90cm×40cm　1cm宽的革质带子160cm
工具 包=4号棒针　贴花=4/0号钩针　贴花打孔机　贴花用针
标准针数 22针32行=边长10cm的正方形

【要点】
一边打着绷线印，一边织拼条。无论是前面还是后面，都是用套针法来织。

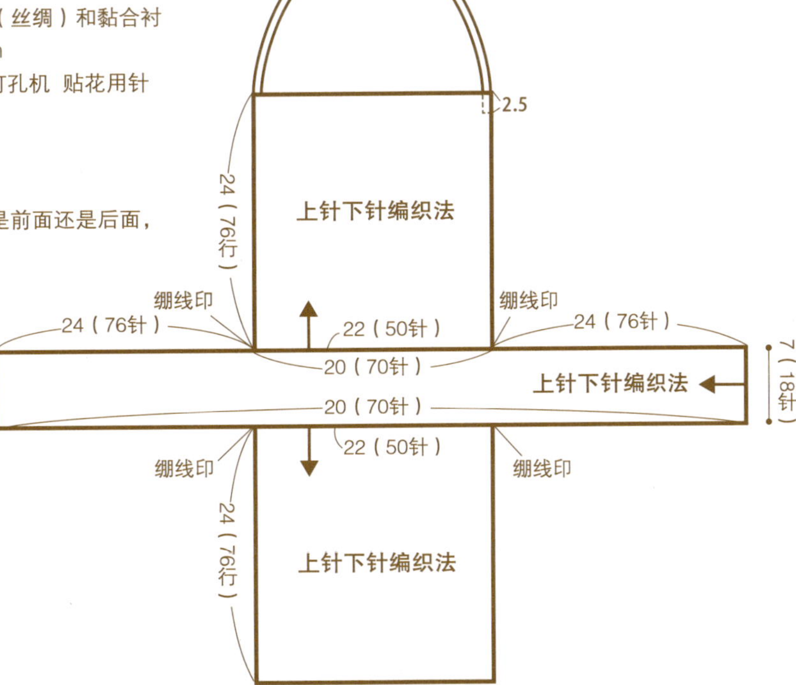
长度48cm
2.5
24（76行）
上针下针编织法
绷线印
绷线印
24（76针）
24（76针）
22（50针）
20（70针）
上针下针编织法
7（18针）
20（70针）
22（50针）
绷线印
绷线印
24（76行）
上针下针编织法

素朴的大树图案的手提包

照片→page 27

【要点】

在缝袋口的时候，把提手夹在里布里面用缝纫机缝好，然后再用灰色的线扎住袋口的4个角。

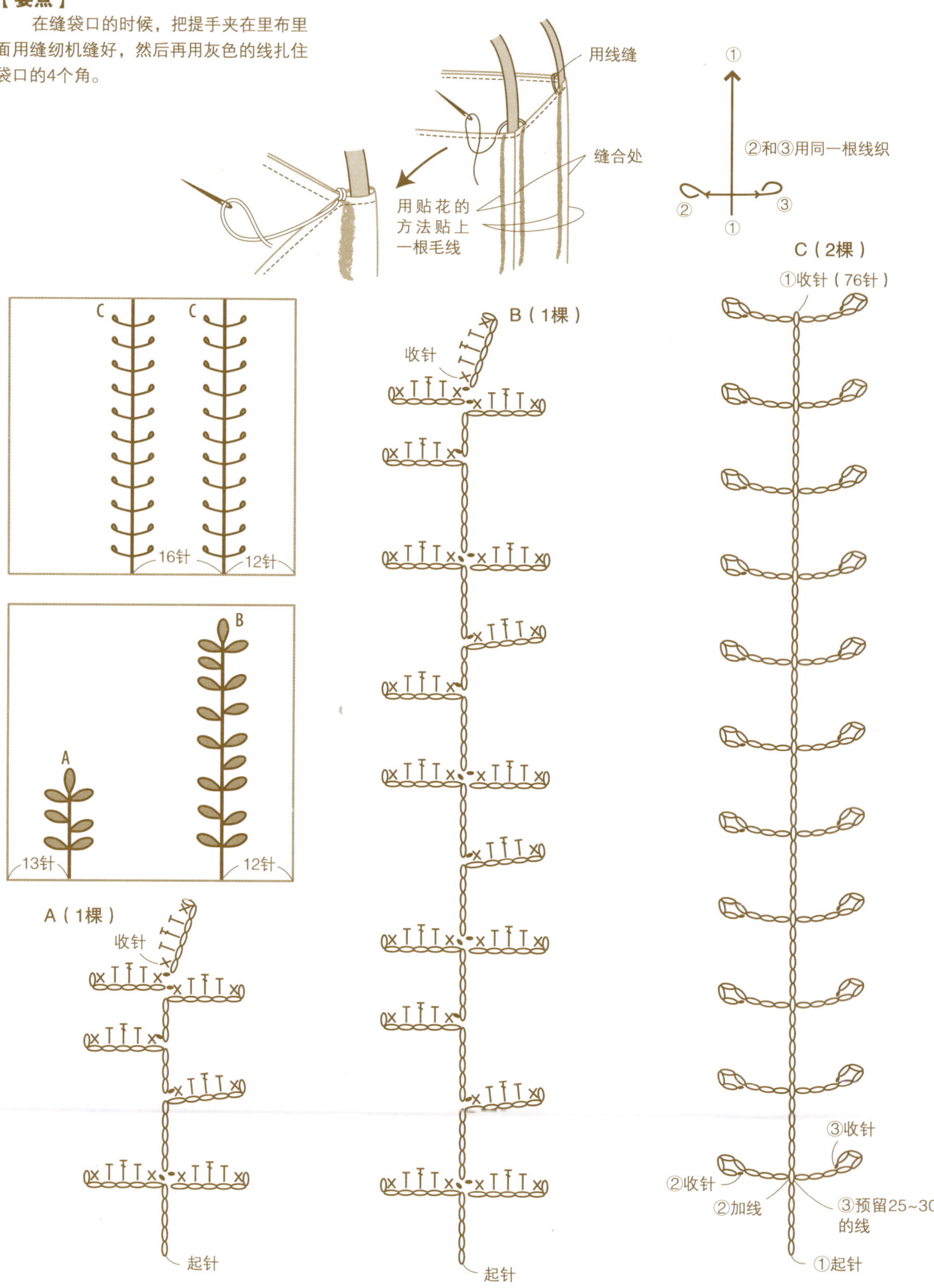

用线缝
缝合处
用贴花的方法贴上一根毛线
①
②和③用同一根线织
②
③
①
C（2棵）
①收针（76针）
③收针
②收针
②加线
③预留25~30的线
①起针
C
C
16针
12针
B（1棵）
收针
起针
B
A
13针
12针
A（1棵）
收针
起针

三叶草图案的手提袋和围巾

照片→page 28

材料

橘黄色羊毛线20g　方格花纹的羊毛质地面料70cm×50cm　里布和黏合衬各70cm×35cm　1.2cm粗的提手芯（玻璃棒）1m

工具 贴花=2/0号钩针　贴花打孔机　贴花用针

【要点】

用四叶草图案比单单只用三叶草图案又多了一种贴花图案。贴花的时候，要以叶子的中心来确定贴的位置，并且要注意各处贴花位置的平衡。贴完时，叶子是张开的。贴茎干部分的时候，注意不要弄拧了。内外两层袋子的缝合法参照p75。

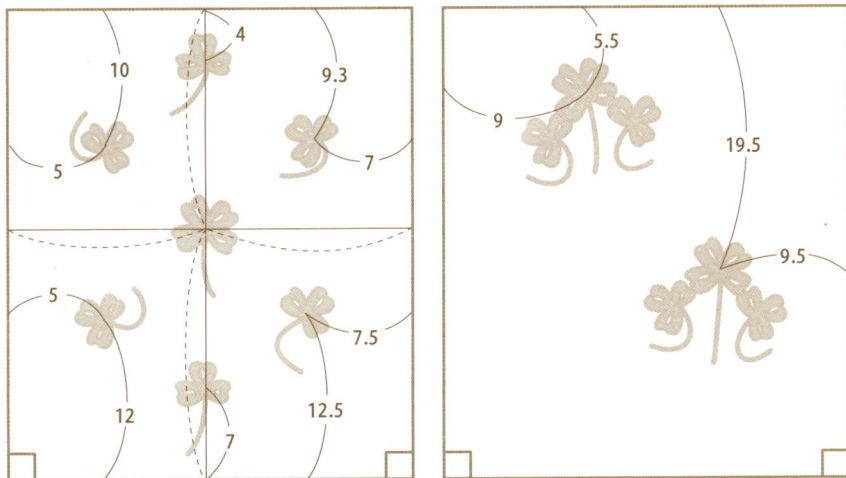

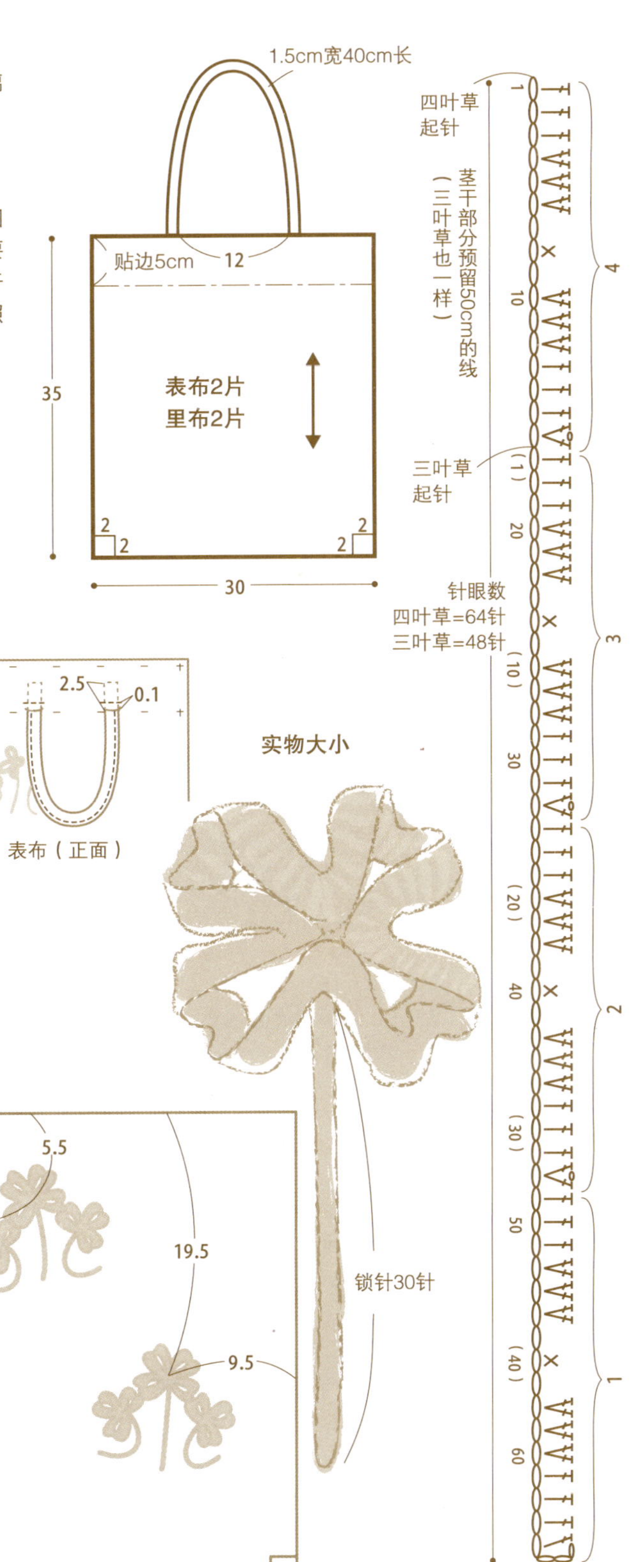
1.5cm宽40cm长
贴边5cm
12
35
表布2片
里布2片
2
30
四叶草起针
茎干部分预留50cm的线（三叶草也一样）
三叶草起针
针眼数
四叶草=64针
三叶草=48针
实物大小
锁针30针

提手

玻璃棒

①1.2缝纫

②用贴花打孔机缝合

（正面）

③0.5处裁开

46

5　1.5　1.5　12

扣眼

表布（正面）

贴完花后，把里布全部贴上黏合衬

2.5　0.1

表布（正面）

心形和三叶草图案的围巾

照片→page 29

材料

心形：浅蓝色羊毛线适量

三叶草：橘黄色羊毛线适量

现成的围巾

工具 贴花=2/0号钩针 贴花 打孔机

【要点】

在没有花纹的围巾上按自己的喜好均匀地贴上几多花。为了配合围巾边缘的针脚颜色要特意选择贴花用线的颜色，但如果是没有针脚的围巾，那么用贴花的线就可以。（短针1针，锁针2针，反复进行。）

12
10
31
12
10

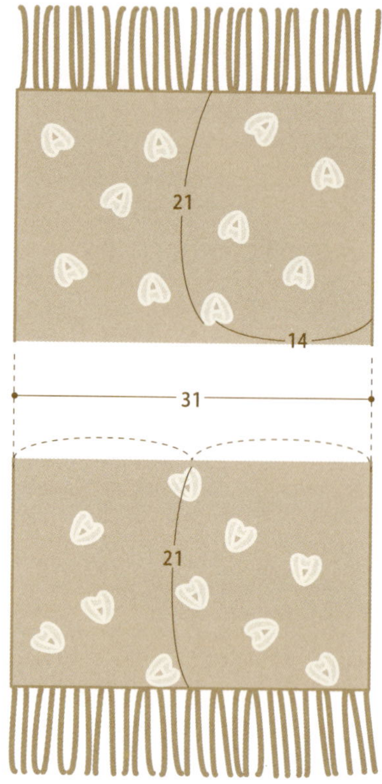
21
14
31
21

同样的贴花图案，如果贴的时候改变贴花的比例，将会给人不同的感觉。

以树为主题图案的手提包

照片→page 28

大包的材料

深灰色的线260g 黑色的线适量 白色的线适量

里布（木棉）和黏合衬各50cm×90cm 1.5cm粗的提手芯（玻璃棒）110cm

小包的材料

深灰色的线100g 黑色的线适量 白色的线适量

里布（木棉）和黏合衬各50cm×40cm 0.5cm粗的提手芯（玻璃棒）70cm

工具 包和黑色贴花=5/0号钩针 白色贴花=3/0号钩针 提手（大）=4号棒针 贴花打孔机 贴花用针

标准针数 上针下针织法：30行=10cm

【要点】

同样是树形贴花，由于钩针和线的粗细不同，最终的图案大小就会有所差别。树干部分用锁针织。改变针眼的数目就可以调节树干的长短。

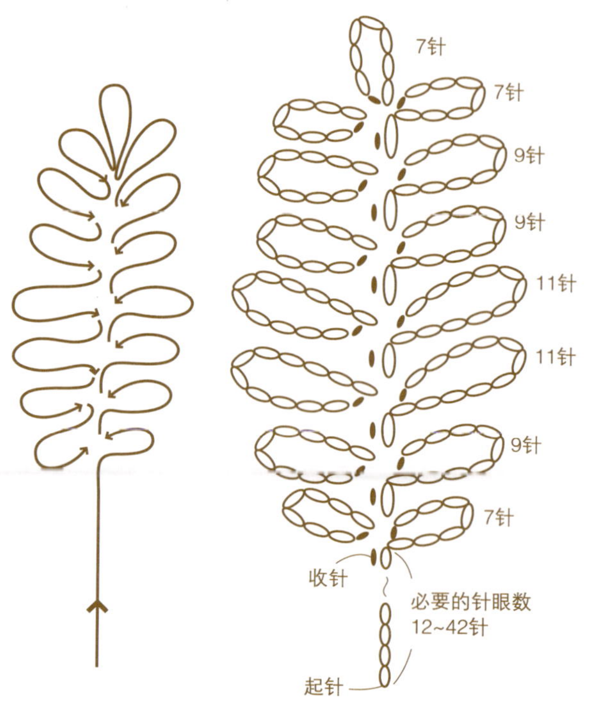
7针
7针
9针
9针
11针
11针
9针
7针
收针
必要的针眼数
12~42针
起针

以树为主题图案的手提包

照片→page 30

【要点】

正方形的基本图案全用推拉式针织法织成。把织好的两块基本图案拼在一起，再把这两块图案的最后一行的锁眼两两套在一起，最后用推拉式针织法就能把两块基本图案缝到一块儿。以此往下，就能用这些基本图案做成一个包。然后，再用短针在袋口处织一行收边。在缝里布之前，要先量一下做好的包的大小，然后把里布放进织好的包里，用缝纫机缝好袋口。

提手（2根）
上针下针织法
2
54（162行）
2
4（9针）
大包
长度50cm
基本图案（14块）
10
14
14
42针
15针
15针
12针
6针
10针
13针
7针
12针
10针
9针
15针
里布的里面
全部贴上黏
合衬
袋口的织法
短针1行
14
14
小包
长度30cm
基本图案
（5块）
14
14
3
5
12针
15针
12针
15针
12针
12针

雪花图案的藏青色女式手提包

照片→page 32

小包的材料
藏青色的美利奴羊毛50g　纯色的羊毛线适量
里布（木棉）和黏合衬各60cm×90cm
1.5cm宽的藏青色和纯色的绒面革带子各80cm
工具 包底=5/0号钩针　包的侧面=5号棒针　贴花=2/0号钩针
贴花打孔机　贴花用针
标准针数 长针：20针10行=边长10cm的正方形
上针下针织法：21针30行=边长10cm的正方形

【要点】
织包底的时候，前11行用钩针的长针织，最后1行用棒针加72针。分别织好前后两面，贴完贴花后，再缝合连接处。做绒面革的提手时，要先用手工专用黏合剂把两条带子黏在一起，再用缝纫机把两端缝合起来。贴花同p75。

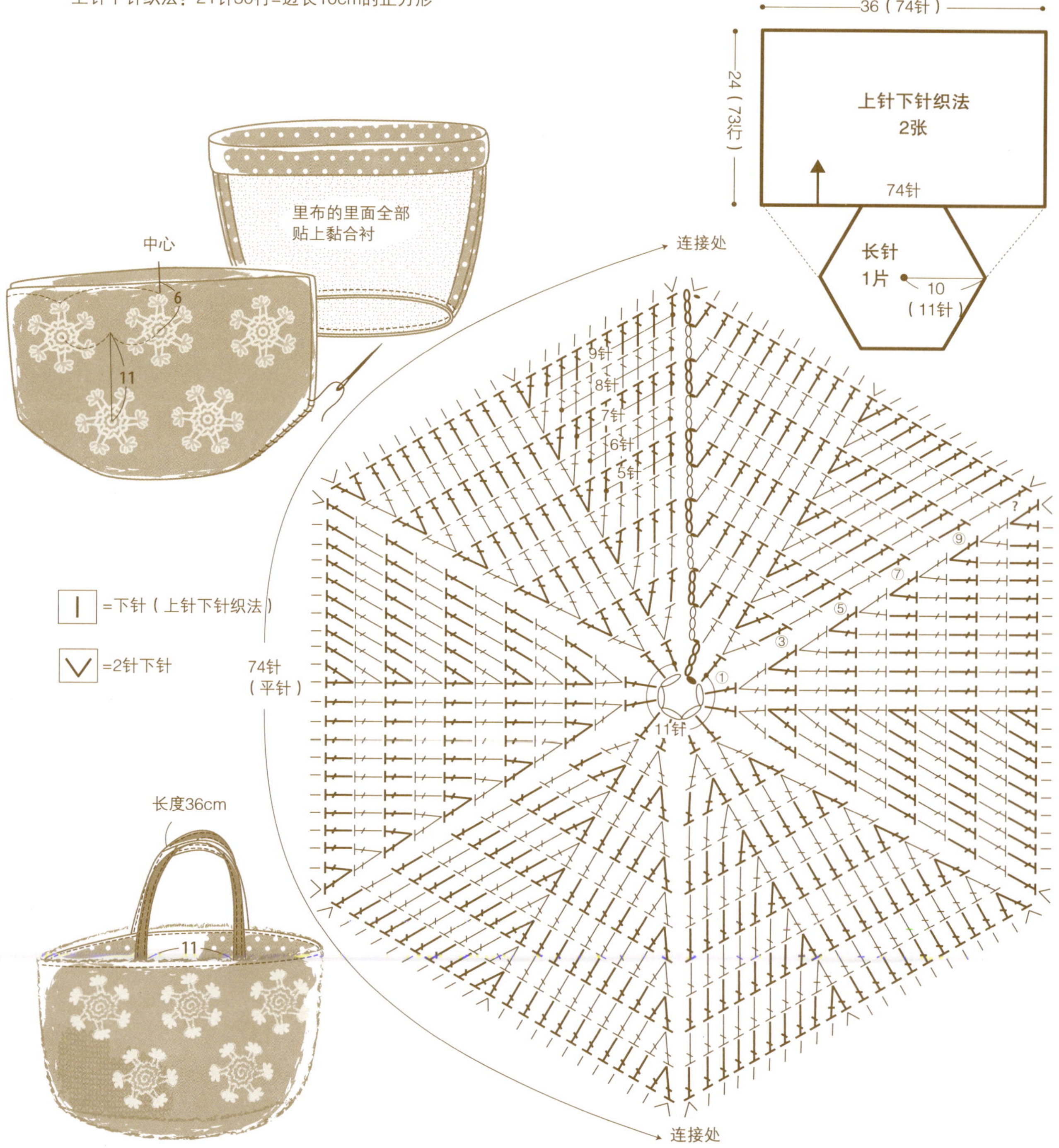
36（74针）
24（73行）
上针下针织法
2张
74针
长针
1片
10
（11针）
里布的里面全部
贴上黏合衬
中心
6
11
连接处
9针
8针
7针
6针
5针
11针
74针
（平针）
=下针（上针下针织法）
=2针下针
长度36cm
11
连接处

雪花图案的深红色手提包

照片→page 33

小包的材料

纯色羊毛线适量　羊毛质地面料70cm×50cm

里布（木棉）和黏合衬各70cm×35cm　1.2cm粗的提手芯（玻璃棒）1m

工具 贴花=2/0号钩针　贴花打孔机　贴花用针

【要点】

包身的做法和p71“三叶草图案的手提袋”一样。在贴雪花图案贴花的第四行第七个针眼的时候，笔直地贴或者有所弯曲地贴，出来的效果会有所不同。

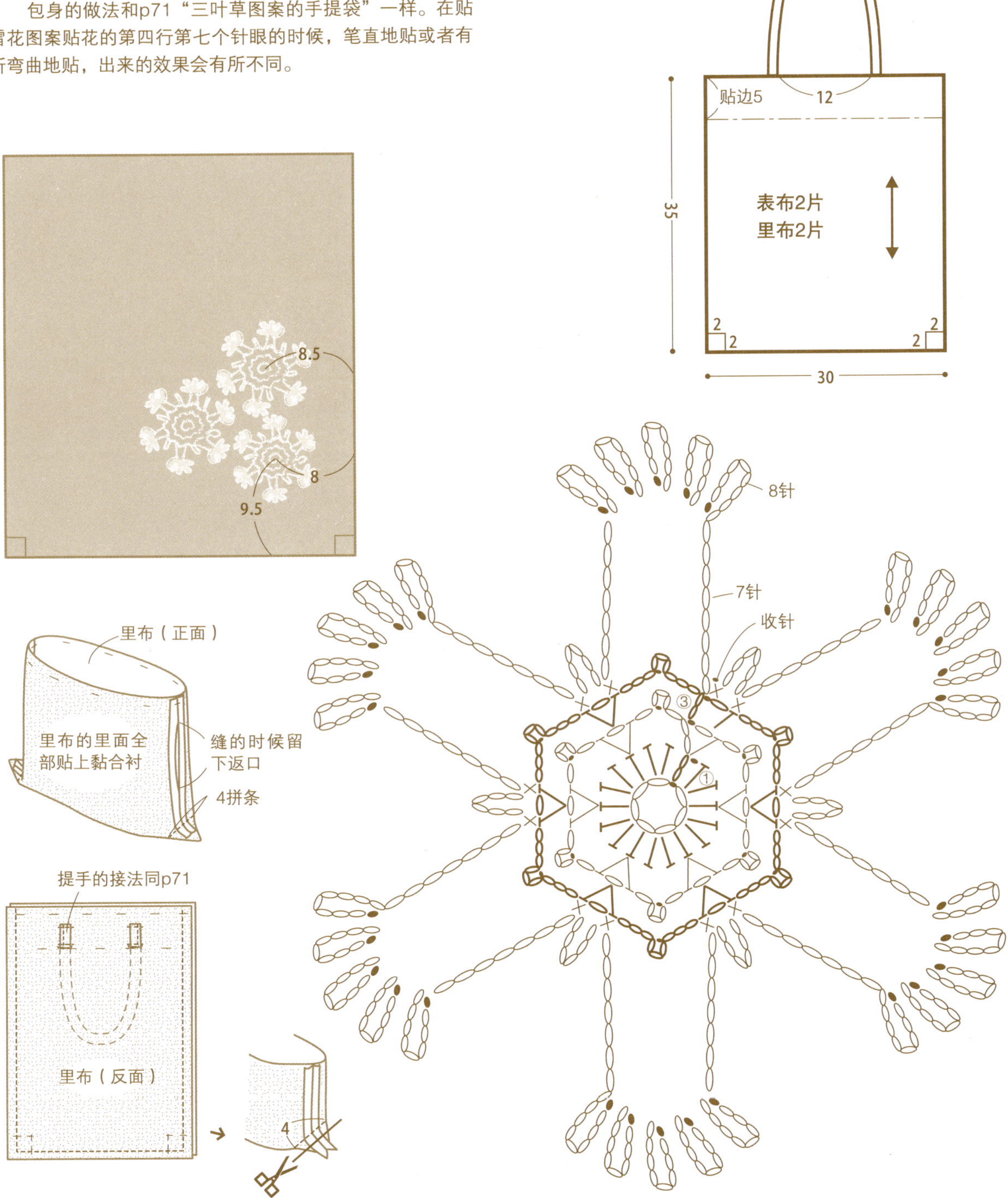

宽1.5cm
长40cm
贴边5
12
35
表布2片
里布2片
2
2
2
2
30
8.5
8
9.5
8针
7针
收针
③
①
里布（正面）
里布的里面全部贴上黏合衬
缝的时候留下返口
4拼条
提手的接法同p71
里布（反面）
4

巨大雪花图案的手提包

照片→page 34

小包的材料

黑线200g　纯色的羊毛线10g　里布（木棉）和黏合衬各80cm×35cm

1cm的革质带子90cm

工具 包=8/0号钩针　贴花=3/0号钩针　贴花打孔机　贴花用针

标准针数 短针：10针10行=边长10cm的正方形

【要点】

包用稍微起毛的线短针钩织而成。剪裁里布的时候，要先量好袋子的大小。里布的做法参照p58。

【贴花的织法】

起针：织6个锁眼，形成1个锁环

第一行：先织2个锁眼，再用中长针织11针

第二行：以“5个锁眼+1个短针眼”的方式反复进行

第三行：先用推拉式织法织2个锁眼，然后以“1个锁眼+1个中长针眼+5个锁眼、1个中长针眼+1个锁眼+1个中长针眼+5个锁眼”的形式反复5次

第四行：分别钩织引拔针和锁针制作雪花晶体

长度40cm
12
2~2.5
36（37行）
短针2片
3
3.5
32（32针）

12针
12针
10针
8针
③
①

苜蓿图案的小型女式手提包

照片→page 36

小包的材料
绿色的普通粗细的毛线120g 黄绿色的普通粗细的安哥拉山羊毛线20g
里布（丝绸）和黏合衬各55cm×35cm 1.5cm的丝带64cm
工具 包=5号棒针 贴花=4/0号钩针 贴花打孔机
标准针数 21针30行=边长10cm的正方形
提手 26行=边长10cm的正方形

【要点】
按照p53“活跃起针法”所示，先织包的底部，然后底部两端向外多织11针，再以此为底边织前侧面。接着，解开锁眼，再由底部两端向外多钩11针来织后侧面。最后，在贴完花以后缝合连接处。

【贴花的织法】
起针：织3个锁眼，形成1个锁环
叶子第一行：以“12个锁眼+1个短针眼”的形式反复3次（三叶草）或4次（四叶草）
叶子第二行：在第1行的每1个锁环外加上16针短针
茎干第一行：16针锁眼
茎干第二行：从1个锁眼开始加16针短针

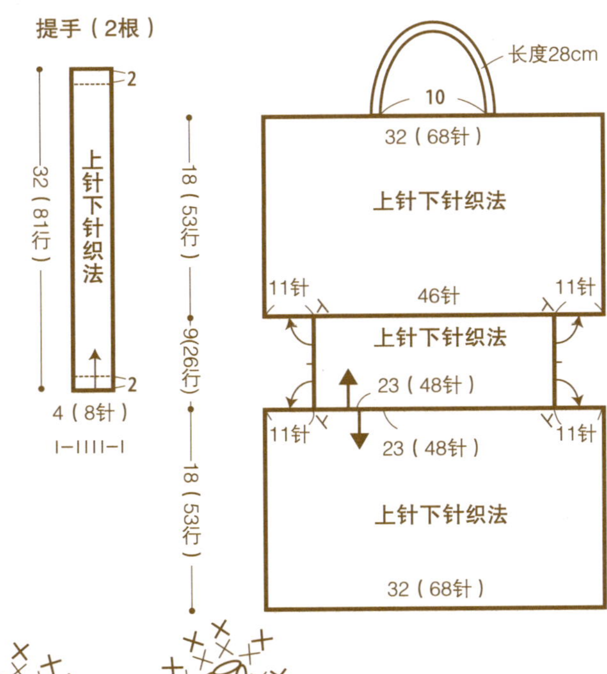
提手（2根）
2
上针下针织法
32（81行）
2
4（8针）
I–IIII–I
长度28cm
10
32（68针）
上针下针织法
18（53行）
11针
46针
11针
9(26行)
上针下针织法
23（48针）
11针
23（48针）
11针
18（53行）
上针下针织法
32（68针）

提手的制作方法

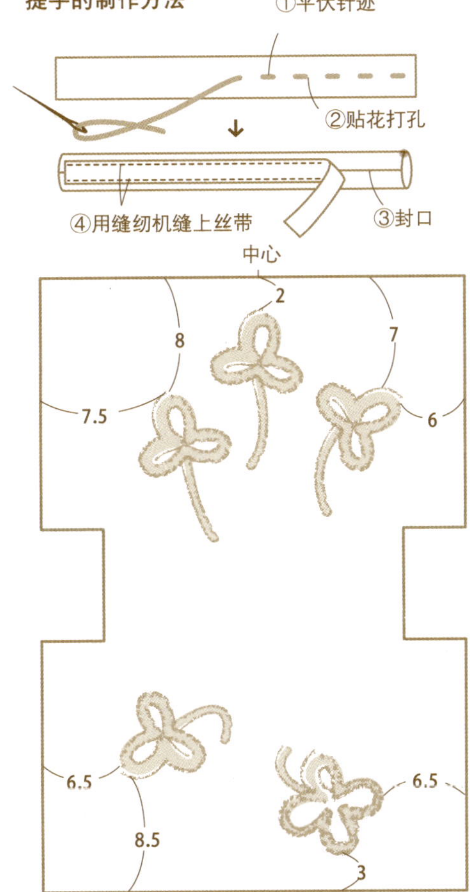
①平伏针迹
②贴花打孔
③封口
④用缝纫机缝上丝带
中心
2
8
7
7.5
6
6.5
6.5
8.5
3

收针
收针

白色小花图案的大毛毯

照片→page 38

材料
天然色羊毛线850g　黑色羊毛线950g
纯色羊毛线100g　天然圆形大串珠144个
工具　包=5/0号钩针　小花=3/0号钩针

【要点】

织121块正方形的基本图案，每11个竖着连起来。把2块基本图案拼在一起，用黑线把最后1行的锁眼两两套在一起，用推拉式织法将其连成1个带状。连好11个基本图案后，按照同样的方法把连好的11根带子两两连在一起就能做成1张毛毯了。钩边的时候，从1个基本图案开始，用短针每边钩25针，围绕1周。第2行的时候，每隔6~7个短针针眼就加入1个由3个锁针针眼连成的花边小圈。基本图案的每1边有3个花边小圈，同时，基本图案的连接处也肯定有1个花边小圈。在基本图案的144个角上都绣上小花图案。

绣圆形大串珠处

1.5 钩边
小花
13
13
143（11块）
143（11块）
1.5钩边

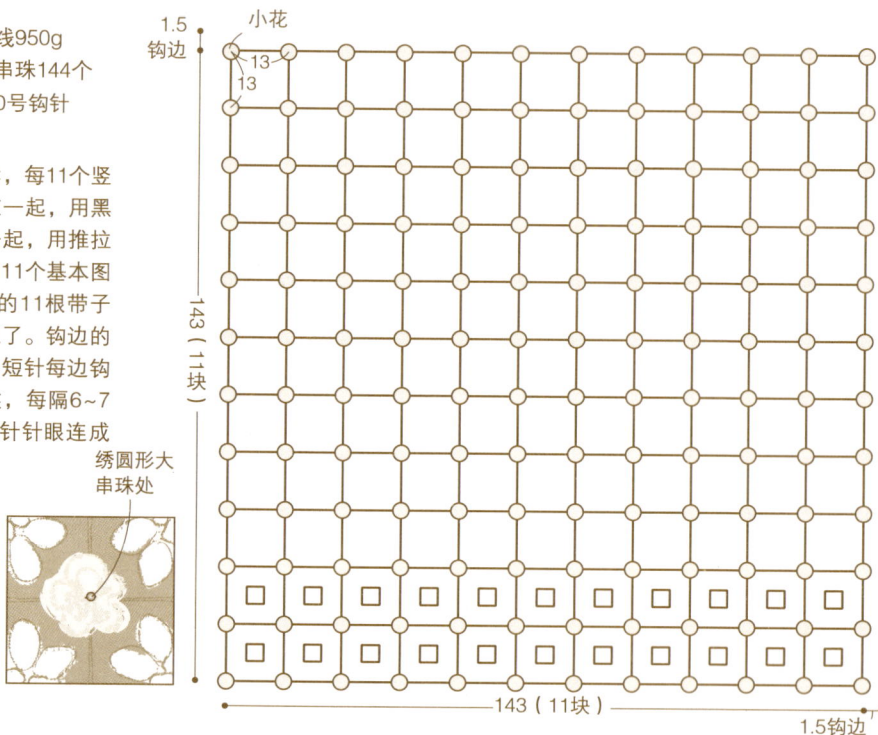

五瓣的小花（144个）

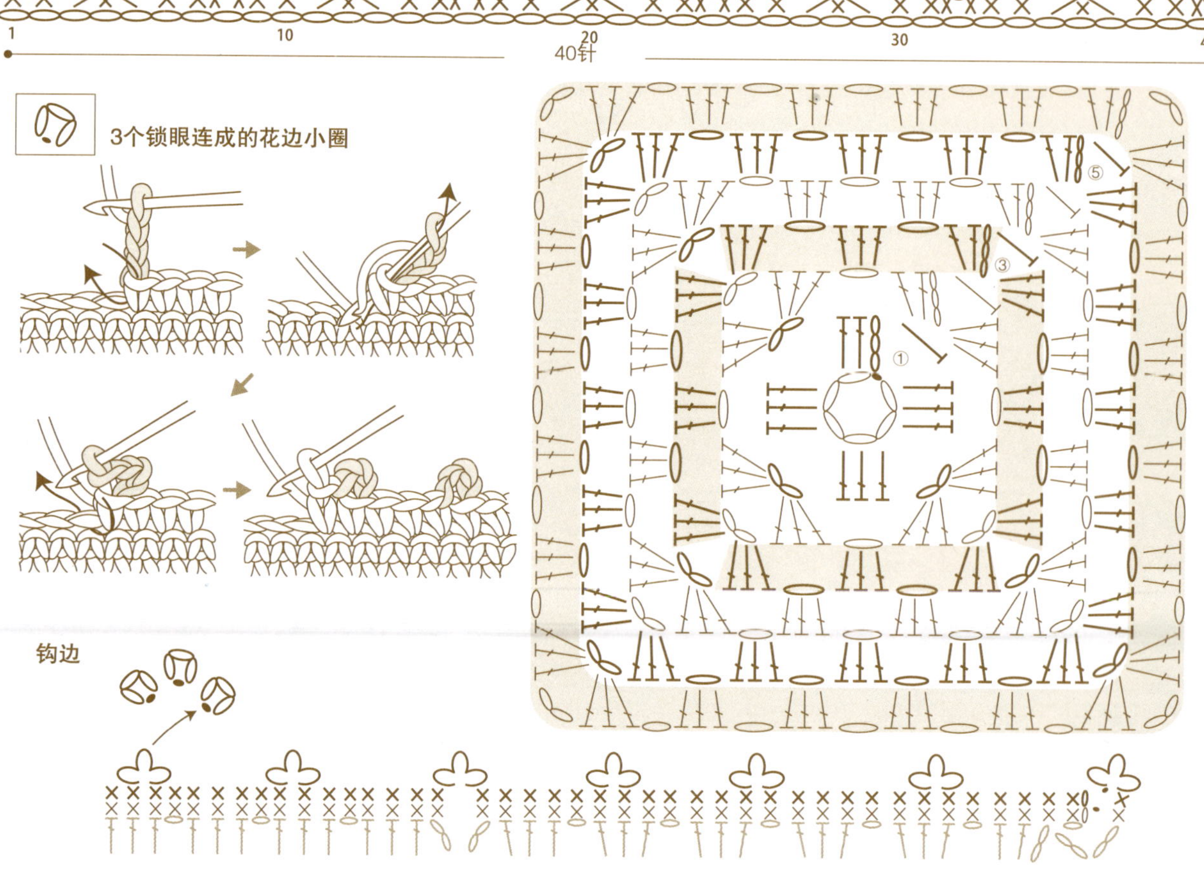

1
10
20
30
40
40针
3个锁眼连成的花边小圈
①
③
⑤
钩边

雪花图案的流苏提包和小围巾

照片→page 40

材料

浅蓝色羊毛线适量　至少50cm宽的羊毛披肩一个
里布（木棉）90cm×50cm　　黏合衬60cm×35cm　1.2cm粗的提手芯（玻璃棒）1m

工具 贴花=2/0号钩针　贴花打孔机　贴花用针

【要点】

贴花的织法参照p75，提手的做法参照p71。将4cm宽提手用布对折，在里面夹上提手芯后用缝纫机缝上。缝头的地方用贴花打孔机缝合，多余的部分剪去。

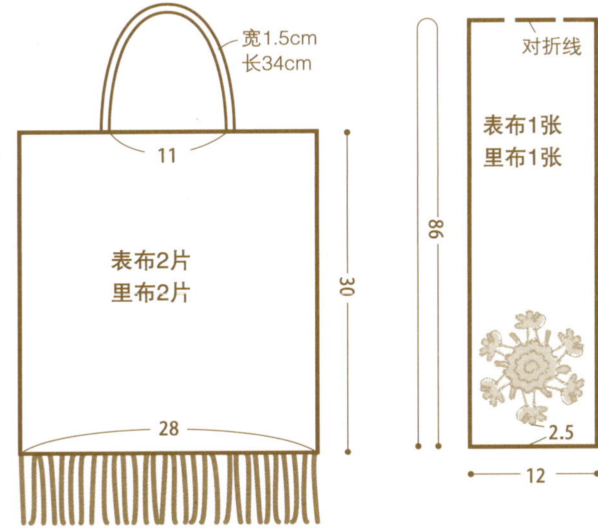
宽1.5cm
长34cm
11
表布2片
里布2片
30
28
86
对折线
表布1张
里布1张
2.5
12

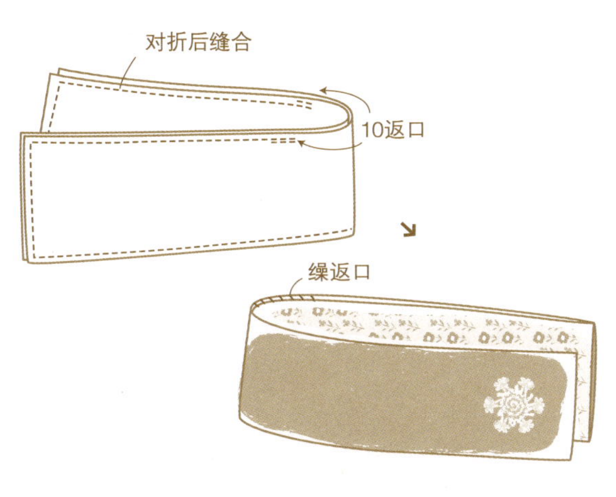
对折后缝合
10返口
缲返口

12.5
6
6
6
6

3.5
表布（正面）

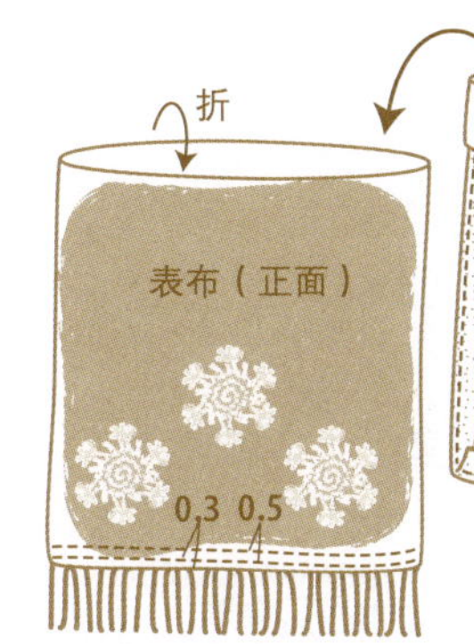
折
表布（正面）
0.3
0.5

5
里布的里面
全部贴上黏
合衬
29

图书在版编目（CIP）数据

装点世界：钩针花样贴花／（日）村林和子著；卢淼译．—沈阳：辽宁科学技术出版社，2011.6
ISBN 978-7-5381-6931-7

Ⅰ.①装… Ⅱ.①村… ②卢… Ⅲ.①钩针—编织—图集 Ⅳ.①TS935.521-64

中国版本图书馆CIP数据核字（2011）第069332号

策划制作： 北京书锦缘咨询有限公司(www.booklink.com.cn)
总 策 划： 陈 庆
策　　划： 李 伟
设计制作： 周 军

出版发行： 辽宁科学技术出版社
(地址：沈阳市和平区十一纬路29号　邮编：110003)
印 刷 者： 北京瑞禾彩色印刷有限公司
经 销 者： 各地新华书店
幅面尺寸： 185mm×260mm
印　　张： 5
字　　数： 17千字
出版时间： 2011年6月第1版
印刷时间： 2011年6月第1次印刷
责任编辑： 郭 莹 谨 严
责任校对： 合 力

书　　号： ISBN 978-7-5381-6931-7
定　　价： 23.00元

联系电话：024-23284376
邮购热线：024-23284502
E-mail: lnkjc@126.com
http: //www.lnkj.com.cn
本书网址：www.lnkj.cn/uri.sh/6931